お気に入りの
しごと道具を
見つけませんか？

てんの
しごと
道具店

～しごとがぐんっと
楽しく効率的になる文房具～

てん（河野友美）

エムディエヌコーポレーション

はじめに

はじめまして、てんのしごと道具店の店長てんです。
2015〜2022年まで会社員として働きつつ、
副業として2020年に仕事に役立つ文房具を取り扱う
オンラインショップをオープンし、
2021年には福岡に文房具カフェをオープンしました。

ただの会社員だったわたしがどうして
文房具を取り扱うお店を運営するようになったかというと、
きっかけは新卒時代に遡ります。

新卒時代はEC関連の会社に勤めており、
パソコンでほぼ全ての業務を行っていました。
「なんか仕事が上手くいかないな」と思っていた時に
学生時代に使っていた手帳を見つけて、
「そういえば手帳に書き出すことで頭の中整理していたな」
と思い出し、再度使い始めました。

それ以降、パソコンだけではなく
文房具も仕事に役立つ道具なんだと実感することも多く、
同じような悩みを持っている方に、仕事に役立つ文房具や
その使い方をSNSを中心に発信してきました。

この本はビジネス書のように堅苦しくなく、
新しい洋服やコスメを買った時に外出が楽しくなるように、
便利でかわいい文房具を使うことで、
仕事するのがちょっとだけワクワクする、
そんな文房具とその使い方を紹介しています。

てんのしごと道具

店へようこそ！

リアル店舗です！

わたしてん店長は、福岡にある作業部屋のような文房具カフェも営んでいます。オンラインショップで取り扱う文房具を中心に、雑貨やオリジナルグッズなども実際に手にとってみていただきながら販売しています。

また併設するカフェスペースではハンドドリップでコーヒーを販売♪ 店内にはWi-Fiと電源を用意しているので、カフェスペースでパソコン作業もウェルカムです。お近くにいらっしゃった際にはぜひお立ち寄りくださいませ♪ 周辺にも小さな文房具屋さんがいくつかあるので、ぜひ文房具巡りの一箇所に加えていただけたら嬉しいです。

てんのしごと道具店へようこそ！

コーヒーも飲めます♪
＼ ぜひ遊びに来てくださいね♪ ／

てん店長です。
ネットとリアル店舗で文房具店を営んでいます。
そんなわたしの自己紹介をさせてください！

店長てんと文房具

わたしが文房具について
覚えている最初の記憶は

小学校低学年の頃

新
品

当時、「新しいもの入れ」という
箱が家にありました。
両親が買ったり、もらったりした
文房具や雑貨が入っていて、
わたしは、それを見るのが大好きでした。

というのも、次女として産まれ
お下がりが多いのがイヤで

おだらじいの
ほじいー！

当時は文房具が好き！というより、
新品のものが欲しいという感じでした。

小学校時代の
お気に入り文房具

そろばん教室で
もらった
ロケットえんぴつ

香りイキな
カラーペン

ふしぎな模様が
かける
スピログラフ定規

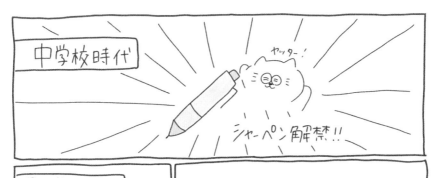

中学校時代

ヤッター！

シャーペン解禁!!

急に増えた選択肢

デザイン豊富！

機能もいろいろ！

書き心地も
全然ちがう！

どれが
いいかなー！

自分好みのシャーペンを
探すため、毎週のように
本屋の文房具コーナーを
チェックするように
なりました

新しい文具
あるかなー

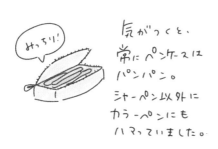

みっちり！

気がつくと、
常にペンケースは
パンパン。
シャーペン以外に
カラーペンにも
ハマっていました。

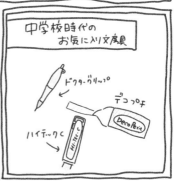

中学校時代の
お気に入り文房具

ドクターグリップ

デコっプチ

ハイテックC

新卒時代

そして地元でECの会社に就職

意外とネットショップ？？
1人で運営されてるんだな…

スマホケースとかを
売っていたよ。

文房具はオフィスの備品を
使っていました

プロダクトデザイナーには なれなかったけど
店舗を作ったり、モノを売ることは
とても楽しく、学びがある毎日でした

SNS用の
撮影

書設表

商品撮影の
ディレクション

1周年

店舗
装飾

バナー作成

NEW

メルマガや
ページの作成
HTML
CSS

仕事に慣れてきた頃

また、ここミスってるよ。
邁してね。

あれ…
すみません…

元からミスがタタいち
だったんですが、仕事の
難易度が上がったのを
慣れから
ミスを連発
するように
なっていました

よく使っていた
オフィス文房具

スケッチ
ブック

ボールペン

まずは、P20〜23で、あなたの
しごとのお悩みタイプを診断!

てん店長のしごと悩みをお助けする
文具選びのメソッドを初公開!
お悩みに合わせてLOOP1〜3を
繰り返します。

よくある仕事のお悩み
5つをチョイス。
わたしの体験をもとにした
漫画とエピソードを交えながらの
アドバイスを。

具体的にどう解決してゆくのかを
LOOPに沿って実践してみましょう！
自分と向き合いながら
お悩みやうまくいかないポイントを
棚卸ししてゆく気持ちで
一緒にやってみてください♪

2章からは、いろんなシーンに
合わせたてん店長セレクトの
文房具を紹介しています！

てんのしごと道具店　オリジナルノート　プレゼント概要

てん店長のイラストが描かれたオリジナルノートを、
ご応募いただいた方の中から抽選で30名様にプレゼントいたします。

賞品　オリジナルノート3種類×各10名ずつ　計30名さま
（パソコンの手前に置いて使いやすい、横長のデスクノート。サイズ：90×150mm）
・isshoni. ノート デスク 薄口 方眼　48ページ
・isshoni. ノート デスク 薄口 リスト　48ページ
・isshoni. ノート デスク 薄口 デイリー　38ページ
※種類につきましてはお選びいただけません。抽選とさせていただきます。

応募方法
郵送ハガキに、応募券を切り取り貼付し
（電子書籍の方はこのページの下にある「応募番号」を明記し）、郵便番号、住所、
氏名、電話番号、メールアドレスをご記入のうえ、下記宛先までご応募ください。

応募締め切り
応募の締め切りは2023年6月30日（当日消印有効）とさせていただきます。

宛先　〒101-0051　東京都千代田区神田神保町一丁目105番地
株式会社エムディエヌコーポレーション　「てんのしごと道具店」プレゼント係り

当選者の発表　当選者にはメールにてご連絡させていただきます。
当選結果について、電話やメールなどでのご質問にはお答えできませんのでご了承ください。

応募は
帯にあります！
新しい応募方法はP.15参照
オリジナルノート
応募券

【個人情報の取り扱いについて】
・ご記入いただきましたお客様の情報（住所、氏名、電話番号など）は、本キャンペーンでの商品発送に関する目的のみ使用いたします。
・お客様の情報につきましては、商品の発送が完了次第、速やかに破棄いたします。
・お客様の情報の取り扱いに関するお問い合わせは、エムディエヌコーポレーション　カスタマーセンター　info@MdN.co.jpまでお願いいたします。
【ご注意】
・お客様の住所、転居先が不明などでご連絡が取れない場合はご当選を無効にさせていただく場合がございます。
・ご応募いただいたハガキ等ははご返却できません。
・ご応募は日本国内にお住まいの方に限らせていただきます。
・ご当選された賞品の交換はできません。また、ご当選の権利はご本人様のみ有効となり、譲渡、変更、換金はできません
【応募番号】「TEN520454」

1章　てん店長的しごとのお悩みタイプ別文房具の選び方

2章　シーン別！ てん店長的文房具のススメ

1

章

てん店長的
しごと文房具の選び方

そのしごとの悩み、文房具で解決してみませんか？
1章では、わたしの文房具好きとしての知識と
8年の社会人経験から、
しごとの悩み解決の文房具活用メソッドをご紹介！
まずはチェックリストで自分の悩みタイプを
セルフチェックしてみてください。
そこから悩み別の解決メソッドと
おすすめの文房具を紹介します♪

しごとのお悩み
タイプチェックリスト

A

- [ ] ミスをした時に原因が分からないまま放置してしまうことがある
- [ ] メモを取っても、後から見返した時に必要な情報が抜けていることが多い
- [ ] パソコンで作業をするときに、他のことが気になり集中して取り組めない
- [ ] 会社やチーム内ですでに用意されているマニュアルを見ても、理解しにくい
- [ ] 昔からケアレスミスが多く、何度確認しても細かいミスをしてしまうことが多い

B

- [ ] 一つ一つの業務をどのくらいの時間で完了できるか把握できていない
- [ ] 仕事のやり方について、効率化や自動化を考える時間がない
- [ ] 定期的に自分の業務量を棚卸しする習慣がない
- [ ] 仕事量に対して人員が少ない状態にいる
- [ ] 他の人に比べて残業が多い

仕事にお悩みは付きもの。
その悩みの根本の原因を一緒に突き止めてみませんか?
自分が何に困っているのか言語化して可視化してみましょう。
チェックリストに答えていくだけで、
自分のつまずきポイントが見えてくるかもしれません。

C

- [ ] 作業中に話しかけられると強いストレスを感じる
- [ ] 頼まれごとをうっかり忘れてしまうことが多い
- [ ] 議事録や電話取次ぎなど、話を聞きながらメモを取るのが苦手
- [ ] 待ち時間が発生する業務や突発的な業務などの、スケジュール調整が苦手
- [ ] 臨機応変や優先順位を自分で考えて入れ替えるのが苦手

D

- [ ] 作業する時に、ペンやケーブルなど必要なものを探すことからスタートすることが多い
- [ ] 普段からモノをよく失くしてしまう
- [ ] 紙の資料の保管方法が決まっていない
- [ ] デスクや仕事場を定期的に掃除する時間をとっていない
- [ ] パソコンのデスクトップが汚い

診断結果

わたしは全部に
当てはまります(笑)

A ミスが多くて怖い → P26〜

Aグループに当てはまる数が多かった方は、ミスを減らすための文房具や
その活用アイディアをチェックしてみましょう。

日頃から「多少のミスをするのは仕方がない」と自分を甘やかしていると、
いずれ取り返しのつかない大きなミスに繋がってしまうこともあります。ミ
スをするのは仕方がないとしても、その後の業務改善がとても重要です。
どうしてミスをしてしまったのか、どうやったら再発防止ができるのか、そも
そも原因に対して打つ手はないのかなどを考えると、いつも使っているノー
トやふせんなども新しい使い方が見えてきて、あなたを支える頼もしいし
ごと道具になります。

B 仕事が終わらない → P32〜

Bグループに当てはまる数が多かった方は、業務効率化に役立つ文
房具をチェックしてみましょう。

チェックリストの項目以外にも、年次が上がり視野が広くなると気に
なることが増え、業務が増えたりしますよね。業務は定期的に効率
化や自動化ができないか、または廃止にできないかなどを考える時
間をとって見直していきましょう。

効率化にはパソコンのソフトやアプリ以外に、文房具にも便利なア
イテムがあります。ぜひ、チェックしてみてください。

チェックリストのA〜Dグループの中で、あてはまる数が多いグループがあなたのお悩みタイプです。多いものからチェックしてみてください。各お悩みを文房具でお助けする方法を解説しているので、自分のタイプと照らし合わせながら読み進めてみてもらえたら嬉しいです。

C マルチタスクが苦手 →P38〜

Cグループに当てはまる数が多かった方は、業務を可視化したり単純化する文房具や活用アイディアをチェックしてみましょう。

同時に複数の業務を行うことが苦手な場合は、事前に穴埋め形式のテンプレートを用意して一つの作業を単純化したり、頭の中だけに留めず可視化することで頭の中をスッキリさせたりと事前準備や環境を整えることが大事。

事前準備や環境整備に役立つ文房具や考え方をチェックしてみてください。

D 整理整頓が苦手 →P44〜

Dグループに当てはまる数が多かった方は、自分の特性を理解してルールを決め、解決に役立つ文房具や便利アイテムを用意するのがおすすめです。

「片付けるのが面倒で出しっぱなしにしちゃう」「ルールを決めても、ルール自体をうっかり忘れている」などは、努力だけで解決するのはなかなか難しいですよね。ラベリングをして収納場所を明確にする、ルールを紙に書いて目につくところに貼っておくなど、自分のために準備できることはたくさんあります。便利な文房具やアイテムで、さらに自分にあった整理整頓を目指していきましょう。

しごと文

「悩んでいるだけ」から「考えて解決する」へ

いつも同じようなことで悩んでいるなと思うことはありませんか?

頭の中だけで悩むと、感情も混ざってぐるぐると

考えがループしてしまったり、どんどんと散らばっていき

何が原因なのか分からなくなったりと

際限なく悩みは広がっていきます。

本当は悩むのではなく、課題に対して原因や解を考え、

解決していきたいですよね。

原因追究と解決を目指すなら紙に書き出して、

深掘りしていくのが大事。

そして、解決する時に使えるのが文房具!

いまどきの文房具は大人向けのラインナップもあるし、

デザインも豊富で、メイクを変えた時と同じような

ワクワク感を持ちながら仕事に生かすことができます。

房具の選び方

わたしはパソコンを使う仕事に就いて、しばらくは文房具を一切触ることのない日々を送っていました。すると徐々に、考えがまとまらなかったり、仕事のミスが増えたりして悩むことが増えていきました。そこから、手帳や便利な文房具を使って悩みを解決し、少しずつ仕事を楽しめるようになっていきました。そんな会社員8年の経験から、わたしが実践している解決のための文房具活用のループを紹介します。

LOOP 1 向き合う

まずは課題・原因を整理して、しっかりと自分の中に落とし込みます。最近の悩み、考え事、こうなりたい未来、こうはなりたくない未来、やらかしたミスなどを大きめの紙に書き込み、何をどう解決していくべきなのか考えます。

LOOP 2 サポートアイテムを用意する

解決法が「意識や行動を変える、誰かに相談する」など、アイテムを用いていない場合はLOOP2は不要です。でも、自分の意識・行動を変えるのって難しいですよね。誰かに相談しても、根本的解決には至らないかもしれない。そんな時は、ぜひ文房具を解決のためのアイテムとして考えてみてください。ぜひ、一緒に見つけましょう！

LOOP 3 使ってみる

文房具やサポートアイテムは、あくまで道具なので、使う人の使い方によって大きく効果や作用が変わります。「思っていたより不便だな・解決しないな」と思えば、また LOOP1 に戻って再度検討するもよし、「こうしたら、さらに効率化できそう」と思えば使い方を改善していくもよし。あなた次第なのです。

とにかく、買って終わり！ではなく、道具はしっかり使えてこそ意味があります

てん店長的しごと文房具の選び方

ミスが多くて怖い

何度も見直しても
ミスをする負のループ

わたしは小学校の通知表にも「早とちり」と書かれるような、注意散漫なのに気が急く性格でした。会社員になってもその性格はそのままで、自分なりに「気をつけなければ」と思ってはいるものの、業務が難しくなるほど、どんどんミスは増えていきました。

何ステップもあるような業務をしていると、一つのミスをリカバリーするのも大変で、リカバリーしている間にさらに新しいミスを重ねるという負のループに突入……そんなことを繰り返しているので、業務遂行に時間がかかってしまうことも、本当によくありました。

そんな負の連鎖を繰り返しているうちに、だんだん「どうせ絶対ミスっている……。何度確認しても不安だ。」という気持ちが強くなり、確認しても確認しても不安で、なかなか次の工程に進めなかったり、退勤後に心配になったりと気持ちの面でも支障が出てきました。自分なりの解決法として、先輩にダブルチェックをお願いしたり、やり方があっているか見てもらったり、会社にあるマニュアルを熟読したりと色々と試してみましたが、この悩みが根本的に解決することはありませんでした。

パソコンだと考えながら作業しちゃうのもミスを連発しやすいですよね。

そんな負の連鎖に陥っていたわたしですが、現在は「自分専用の紙のマニュアル」を作り、ミスをしたら書き込んだり、効率化できそうであればやり方を見直したりすることで解決しています。会社にあるマニュアルはあくまで会社のマニュアル。つまずくポイントや、ミスをしがちなポイントは人それぞれだから、自分のマニュアルがあればもう迷うことも、ミスに怯えることもない！ そこに気づけたのも文房具のおかげだなと思っています。

ぜひ、P28のLOOP1・2を使って、自分のための解決方法と解決アイテムを見つけてみてくださいね。

アナログだけどノートやメモで考えを整理してまとめてみよう！

向き合う

1 | ミスの原因を見つけるため A〜C を紙に書き出す

A ミスをした内容をその場でメモをする

→ 手のひらサイズのメモ帳を持ち歩き、ミスした時にメモしておくと便利です。

B 業務を遂行している時の感情

→ やりたくない・怖い・面倒くさい・楽しい・早く終わらせたいなど、
　どんなことを考えて業務をしているのかを書き出してみてください。

C 自分以外（環境・人・ツール）に原因がないか

→ 騒音・異臭・気温などで体調や注意力に支障をきたしていないか、
　使っているツールの動きが遅いなど、ミスに繋がることがないか洗い出してみます。

2 | 書き出すのが難しければ 以下に当てはまるものがないか考えてみる

スキル不足を感じていることはないか

例）そもそもパソコンの操作方法が分からない、
　　英語や専門用語への理解が追いつかない、トークスキルが不足している

チェックや注意不足でよく注意されたり ミスを連発していることはないか

例）手順を飛ばしがち、伝達をし忘れてしまう

理解不足で分からないところが分からない状態のことがないか

例）イレギュラーなことが起きるとどうしたらいいのか分からない手順がある

向き合うための文房具たち

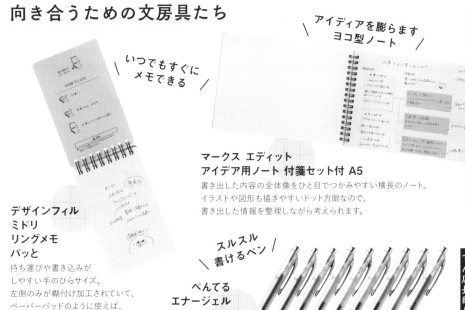

いつでもすぐに
メモできる

アイディアを膨らます
ヨコ型ノート

**マークス エディット
アイデア用ノート 付箋セット付 A5**

書き出した内容の全体像をひと目でつかみやすい横長のノート。
イラストや図形も描きやすいドット方眼なので、
書き出した情報を整理しながら考えられます。

**デザインフィル
ミドリ
リングメモ
パッと**

持ち運びや書き込みが
しやすい手のひらサイズ。
左側のみが糊付け加工されていて、
ペーパーパッドのように使えば、
未使用ページをパッと
開くことができます。

スルスル
書けるペン

**ぺんてる
エナージェル
インフリー 0.5mm**

かすれ知らずで、何もなくとも
書きたくなる書き心地。

持ち歩ける小さなメモ帳で、常に情報収集を

いざ、大きな真っ白い紙を目の前に用意して、「ここにミスの原因だと思うことを
全て書き出してみよう」と思っても実際は難しいですよね。日頃からミスしたこ
と・ミスしそうになったことなどをメモしておくと、向き合いやすくなって◎。立っ
ている時でも書き込みしやすく持ち運びに便利なポケットサイズで、不要になっ
たページを切り取れるリングタイプのメモ帳がおすすめ。また他の人の失敗談な
どにもヒントはたくさん！ ランチや飲み会などで失敗談を聞いたら、スマホや
メモ帳にこっそり記録しておくと未然に防ぐための対策を立てられるかも！

書いていてテンションが上がる筆記具を見つけよう

たまに、病院の問診票記入などで「え！ このペン、めっちゃ書きやすい！」って
テンション上がることありませんか？ せっかく、どんな筆記具を使ってもいい
のであれば、書いていてテンションの上がるペンを見つけましょう♪ 紹介した
エナージェルインフリーはゲルインキならではのなめらかな書き心地はもちろ
ん、インキ色も豊富なので好きなカラーを選んでテンションを上げましょう！

サポートアイテムを用意する

LOOP2では、あるあるな例を紹介します。

CASE
1　理解不足

自分で掘り下げたミスの原因例

毎回、ちょっとしたエラーが出てしまい、
対応しているうちに手順が変わり、
ミスに繋がっている。
エラーが出ている原因はよく分からないので、
いつもその場しのぎの対応をしている。

→

対応方法の例

一度やり方をノートに書き出して、
エラーが出るたびに追記をしていく。
時間があいたら、そのエラー原因を
調査し解消していく。

＼ 使いやすく
カスタマイズ ／

簡単に
＼ 着脱できる！ ／

**FLEXNOTE RECYCLED
LEATHER COVER D7**
ページの着脱可能で自分仕様に
カスタマイズできるノート。

簡単にページの着脱ができるので、
ページの入れ替えが自由自在！

簡単にページの着脱ができるノート。ページの入れ替えができるので、不要になったページは外して保管して、新しいページを差し込むことができます。また順番の入れ替えなども自由自在なので、教わった順ではなく自分がやりやすい順にページを入れ替えることができます。

CASE 2 チェック・注意不足

自分で掘り下げたミスの原因例

ケアレスミスが多く、
さらにダブルチェック体制がない。

対応方法の例

今までのミスから、自分なりの
チェックリストを作成する。
または、チェックリストを作成して
他の人にダブルチェックをお願いする。

\ 好みの長さに
カスタマイズ /

リストから
ポテンシャルを洗い出す

ヤマト テープノクリップフセン

カッターつきのテープ型ふせん。サクッと切れるの
で書きたい内容に合わせられます。チェック項目
を記入して、ノートやボードに貼るのがおすすめ。

CASE 3 環境が合わない

自分で掘り下げたミスの原因例

セカンドディスプレイがないので、
マニュアルと操作画面を
都度切り替えて作業している。
どこまでやったのか分からなくなったり、
注意事項を読み飛ばしたりしてミスしてしまう。

対応方法の例

マニュアルを印刷して手元に持っておき、
よくミスするところにマーカーを
入れていく。

\ ななめに
めくれる /

キングジム ナナメクリファイル
資料を収納したまま記入もできて使い勝手◎。

資料のまとめに最適!

ホチキス不要で資料をまとめるこ
とができ、書類をななめにめくるこ
とができるファイル。ファイル自体
が硬めの素材でできており、資料
を収納したままの記入もできます。
マーカーは、例えば注意事項など
はめだたせカラーでハイライト、読
み飛ばしていい部分はひかえめカ
ラーで消込として使ったり♪

**コクヨ
2トーンカラーマーカー
マークタス
グレータイプ**

めだたせカラーとひかえめカ
ラーの2色のマーカーが1本
にまとまったマーカーペン。

お悩み 2 仕事が終わらない

一通りできるようになって
仕事に慣れてきた頃。

これ、頼まれてた
タスク！

Aさん！
○○って
どうなってます？

あ、これAさん忘れてそう。
確認して対応するか。

またか…

先輩ー！
助けて下さいー！！

OK

今日中にお願い。
これ、頼んだよ。

Yes

雪だるま式に仕事が増えていく——！！

あ！
なるべく効率化して
定時内でよろしくね。

やってもやっても終わらないタスク

業務に慣れてくると仕事のスピードもアップして他の業務も頼まれるようになったり、点と点が繋がることで間にある業務や付随する業務にも関心を持つようになりますよね。

できることがどんどん増えていき成長していくのが楽しい反面、雪だるま式にタスクが増えていき、やってもやっても終わらない状態になっていませんか?

わたしは2回転職しているので、そのたびに定期的に行うルーチンワークがリセットされていますが、社歴が長い人は特にさまざまなルーチンワークを持っているのではないでしょうか。

また社歴が短くても、誰かに頼まれたタスクだと自分だけではそのタスクをやめる決断ができなかったり、やめるとどんな影響があるのか想像がつかず、なんとなくやり続けているタスクもあったりするのかなと思います。

「最近仕事が終わらなくなってきたな」と思ったら、まずは毎日・毎週行っている業務に割く時間や、ちりも積もればなルーチンワークを見直すのが効果的です! 見直すことでルーチンワーク自体を削減したり、文房具を使って業務を効率化したり、自動化などの解決策を思いついたりするかも!

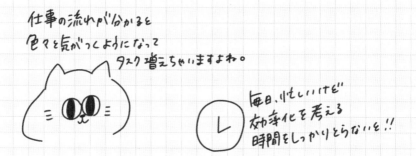

仕事の流れが分かると
色々と気がつくようになって
タスク増えちゃいますよね。

毎日、忙しいけど
効率化を考える
時間をしっかりとらないと!!

向き合う

1 | 仕事が終わらない原因を見つけるため A〜Cを紙に書き出す

A 仕事の棚卸しをする

→ どんな業務に、どのくらいの時間を使っているのかざっくり書き出してみましょう。

B 時間がかかる業務の手順を書き出してみる

→ 苦手だから時間がかかっているのか、それとも手順や他者への確認が多いから
　時間がかかるのか、手順を元に掘り下げていきます。

C 自分の得意・不得意な業務、好き・苦手な業務を分類してみる

→ 得意不得意・好き嫌いが分かれば、次の対策を考える時に
　効率化・自動化・削減などの適当なものに絞り込みます。

2 | 書き出すのが難しければ 以下に当てはまるものがないか考えてみる

自動化できる仕事はないか

例）いつか、Excelで関数を組んで自動化しようと思って放置していた

なんのための業務なのか不明な業務はないか

例）毎月レポートを出しているけれど、なんのために誰が使っているのか分からない

そもそも量が適切なのか

例）退職者がいたので一時的に業務を引き受けていたけれど、
　　そのまま自分の担当になってしまっている

向き合うための文房具たち

\ コスパ最強！ /
ざらざらとした紙質で筆を
止めたくない書き心地

無印良品
らくがき帳 無地・B4・40枚
書き出した後は不要であれば切り離して捨て
ることもできますが、おすすめの使い方はその
まま保管しておくこと。そして半年後・1年後
に「ちょっと前はこんなことで悩んでいたん
だ」と見直すことができ、成長を実感したり当
時は気がつかなかったことに気がつけます。

\ しっかりと壁にくっつく、 /
超大きいふせん

3M ポスト・イット®
イーゼルパッド テーブルトップタイプ
508×584mm 白無地
台紙から切り離さず、イーゼルのようにデスクの
上に立てて使ったり、持ち運ぶこともできます。リ
モートワークなどでデスクの上のスペースが限ら
れている時に大活躍！

意外と分かっていない、一つ一つの業務にかかる時間

処理の時間や締め切りが決まっている仕事は、かなり時間を意識して対応しますが、今
日中に終わればいい仕事や単発で差し込まれたイレギュラーな仕事だと時間を見積もる
のが難しいですよね。わたしは「この仕事、何分で終わる?」と聞かれた時に、なんとなく
で答えて全然終わらず助けを求めたり、1日で終わり切らない量のタスクをスケジュールに
ぎゅうぎゅうに詰め込んでしまって泣く泣く残業をすることも多くありました。

大きな紙に書き出して、俯瞰的に見る

そんな状態なら、どんなタスクや業務に、どのくらいの時間を使っているのかをパッと見て
分かるように紙に書き出してみてください。細々したタスクも合わせると、かなりの量にな
ると思うので、用意できる中で一番大きな紙にどんどん書いていきましょう。「全部書き出
した!」と思っても漏れがあるので、1週間くらいは紙に追記しながら完成させるのがおす
すめ。大きな紙を広げておけない! という時におすすめなのは、紹介したポスト・イット®
の壁に貼れるふせん。オフィスで貼るのは少し恥ずかしいかもしれませんが、リモートワー
クの方にはとってもおすすめのアイテムです。

LOOP 2 サポートアイテムを用意する

LOOP2では、あるあるな例を紹介します。

CASE 1 手当たり次第業務をしている

自分で掘り下げたタスクが終わらない原因例

何となく業務を行っていて、気がついたら差し込みタスクばかりになり、必要な業務をする時間がなかった。

→

対応方法の例

月曜日に差し込みタスク用に半日分あけた1週間分のスケジュールを組み、キャパオーバー分は上長と相談する。待ちが発生している業務の対応時間を変更し、待ち時間なしで最短で終わるようにタイミングを調整する。

\ 消したり書いたり 自由自在 /

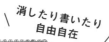

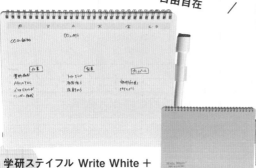

\ ToDoを 見失わない /

学研ステイフル Write White ＋ ホワイトボードノート

ノート型のホワイトボードノート。曜日ごとにTODOを書き出せるフォーマットがあるので、1週間単位でスケジュールを組む時に便利です。ホワイトボードのように消したり書いたりするのが簡単なので「今日、終わり切らなかったな」というタスクを違う曜日に書き換えるのもラク！

インフィエイト TO-DO リスト A5

「至急」と「通常」の2段式になったTODOリスト。ページを切り離せるので、常に最新のTODOリストがトップページにくるように！

やらないといけないことを 一覧で可視化する文房具

タスクに追われると、とりあえず目の前のタスクから！となりがち。手当たり次第に対応していると、効率の悪い順番で対応していたり、抜け漏れがあって余計な時間がかかってしまったり。一度タスクを書き出して、目につくところに置いておくと、あとどのくらいで終わるかが可視化されてタスクに集中できますよ。

CASE 2 時間を意識していなかった

自分で掘り下げたタスクが終わらない原因例

TODOリストを作っただけで、いつやるのか、何分でやるべきなのかを意識せず、だらだらと取り組んでいた。

対応方法の例

毎朝、今日終わらせるタスクを書き出して、スケジュールに落とし込む。

常に手元に
置いておける！

ダイゴー isshoni. ノートブック デスク
パソコンの手前に置いて使うのにちょうどいいサイズに調整されたノート。常に手元にやるべきことが見えていて意識しながら業務に取り組むことができます。

**ハイタイド ペンコ
スティッキーメモパッド
マンスリー**
1ヶ月・1週間単位でtodoや予定を書き込み、パソコンやモニターに貼り付けて使える縦長（横長）のふせん。

CASE 3 業務見直しをしていなかった

自分で掘り下げたタスクが終わらない原因例

効率化できる関数が組めないかあとで調べよう、ツールがないか探そうと思って放置していた業務がたくさんあった。イメージを伝える手書きの資料で、一つミスるたびに新しい紙に書き換えていて時間がかかっていた。

対応方法の例

日々のタスクの中に、業務を見直す時間を確保し、定期的に見直しを行う。手書きイメージ作成は特に時間がかかるので、毎回書くことは印刷しておいたり、フリクションペンを使ってゼロからの書き直しを防ぐ。

パソコン業務でもアナログで便利な道具がある

パソコンで仕事をしていると、なんでもかんでもパソコンで完結させてしまうことが多くなっていませんか？ 人によっては考えを整理したり、ちょっとしたメモを取るにはアナログのほうが便利なことも。学生時代に使っていた文房具も、社会人になると違う使い方が見えてきますね。

時短の
強い味方！

**エレコム 爆速効率化マウスパッド
for Excel**
Excelの短縮キーがマウスパッドに書かれていて、短縮キーを調べる必要もなし！

マーカーも
消せるんです

**パイロット
フリクション カラーズ**
サインペンタイプのフリクションペンです。サインペンなので、線が太く、文字も図も書きやすく読みやすい！

お悩み 3 マルチタスクが苦手

あれもこれもそれも、中途半端

マルチタスクとは複数の作業やタスクを、短時間で切り替えつつ同時進行で行う能力のことです。

「資料作成完了！　あとは上長に確認してもらって、取引先に提出するだけ。確認してもらってる間にレポートの更新をしないと……。レポートに使うデータをダウンロードするのに３分かかるから、その間に会食の手配もやっておこう。」「まとめて一緒にやるほうが後からやるより効率がいいから、会議中に議事録を完成させたい！　他にも、レポート更新作業をやりながらこのマニュアルも一緒に作っておきたい。」

新卒時代のわたしは、こんな感じで業務を同時進行させるなど、同時に２つのことをしていました。その結果、資料の修正があったり、データのダウンロードが上手くいかなかったり、会食先の候補が見つからなかったり、会議の中で知らない単語が出てきたりと、イレギュラーなことが起きると中途半端な状態のタスクがたくさん発生。誰かに助けを求めようにも、何をどこまでやっていて何が起きているのかを説明するのが面倒で一人で抱え込んでいました。

一つ一つの業務は簡単でも、同時進行でやる・頭では別のことを考えながら違うことをするというのは簡単じゃないですよね……。同時進行にすると、途端に効率が下がってしまったり、ミスをしたり、そもそも重要なことを忘れてしまったり……。

とはいえ、仕事や家事で複数のことを同時進行しない！　というわけにもいかない場合が多いと思います。そんな時は自分の頭の中だけで考えず、便利な文房具に頼ってみませんか？

同時に複数のタスクをやるのって難しい"……

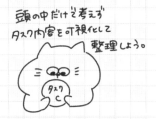

頭の中だけで考えずタスク内容を可視化して整理しよう。

向き合う

1 | マルチタスクが苦手な原因を見つけるため A〜Cを紙に書き出す

A 同時進行しないほうがいいタスク

→ 一度中断すると効率が下がったりミスが発生したりするタスクを洗い出すことで、
　マルチタスクに向かない業務を把握することができます。

B 自分で期限や量・質をハンドリングできないタスク

→ 自分に決定権がないタスクや、緊急度・優先度が高い状態で
　差し込まれる業務などで、同時進行になりやすいタスクを把握します。

C 自分以外（環境・人・ツール）に原因がないか

→ 騒音・異臭・気温などで体調や注意力に支障をきたしていないか、
　使っているツールの動きが遅いなど、ミスに繋がることがないか洗い出してみます。

2 | 書き出すのが難しければ 以下に当てはまるものがないか考えてみる

気がついたら全然違う業務をしていたとき

例）資料をコピーしようと席を立ったのに、気がついたら倉庫整理をしていた

集中して取り組める業務や環境、 逆に気が散ってしまう業務や環境

例）Wi-Fiが遅いとページを読み込んでいる間に、何か他のことができないか探してしまう

どんな差し込みタスク（優先度が高く、今やっている業務を 中断する必要があるもの）が多いのか

例）発注の確認処理が週およそ2回ほど、締め切り1時間前くらいに急に差し込まれる

並行してやりがちな業務はどんなものがあるのか

例）ツールに反映するまでに時間がかかるもの、上長に確認が必要な書類、議事録の作成など

向き合うための文房具たち

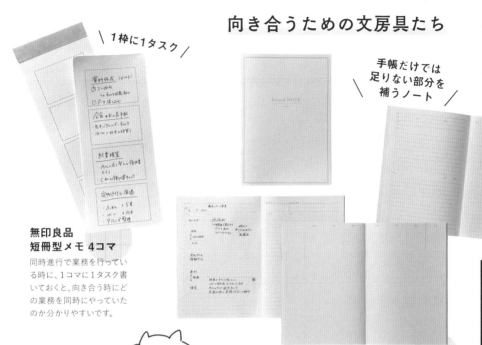

\ 1枠に1タスク /

無印良品
短冊型メモ 4コマ
同時進行で業務を行っている時に、1コマに1タスク書いておくと、向き合う時にどの業務を同時にやっていたのか分かりやすいです。

手帳だけでは
足りない部分を
補うノート

is amulet.
大切な日を記録するノート(Record)
デイリーのスケジュール、TODO、アイディアなどを1日1ページで書き込めるテンプレートが収録されています。

同時進行している業務を把握する

向き合う時に必要なのは「自分がどんな時に困ったか」という情報。具体的な事例があると、解決方法を考えやすいので、しっかりと日常的にメモしておきましょう。「短冊型メモ 4コマ」は1ページに4コマの枠線があり、1ページに同時進行しているタスクを1コマ1タスクで書き込みやすく、後からも見直しやすいのでおすすめです。

手帳や仕事ノートは向き合うのに最強のツール

スケジュールやTODO、思いついたアイディア、思考中のメモなどを書き込む手帳や仕事ノートには、仕事をより楽しむためのヒントがたくさん。書き込んでいる時はそんなつもりがなくても、後から振り返ると「もっとこうできそう」などの発見が出てくることも多いです。マルチタスクは頭の中だけで考えず書き出すとやりやすいし、振り返りもできて一石二鳥。「大切な日を記録するノート」は、使いやすいレイアウトがぎゅっと1冊につまっています。

LOOP 2

サポートアイテムを用意する

CASE 1

待ち時間の発生する業務が多い

自分で掘り下げたマルチタスクが苦手な原因例

一つ一つの業務自体は難しくないが、確認や処理待ちが必要で待ち時間が発生するため、複数の業務を同時進行させて行っており、何がどこまで進んでいるのか把握しながら業務を行うのが難しい。

→

対応方法の例

1ページ1業務や1ブロック1業務などと決めて、業務の進捗をメモして一覧で見られるようにする。対応待ち・対応中・確認待ち・完了などの状態をノートに書き、そこに業務ごとにふせんを貼って進捗を管理するカンバン方式（P104参照）を取り入れてみる。

\ 秘書的文房具 /

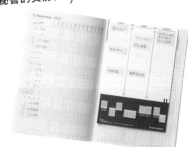

カンミ堂 ふせんを使うToDoボード
ふせんにTODOを書き出し、横軸で締め切りを管理、縦軸で優先度を管理することで「今やるべきこと」を明確にすることをサポートしてくれるアイテムです。

「頭の中で覚えておく」をやめて、文房具に任せてみる

「覚えておく」って意外と頭の中の容量を使っている気がしませんか？　ノートや手帳を頭の中の延長として捉えて、覚えておきたいことや後で確認したいことなどを書き込んで定期的に確認したり、目につくところに置いておくと、常に頭の中がスッキリする気がします。

CASE 2 聞きながらメモをとるのが苦手

自分で掘り下げたマルチタスクが苦手な原因例

理解しながらメモをとるのが難しい。なにをメモしたらいいか分からず焦ってしまい、頭がフリーズする。

→

対応方法の例

ゼロからメモするのは難しいので、穴埋め形式になるように、先に「5W1H」などのテンプレートを作っておく。「チェック方法」「ミスが発生しやすいこと」「困った時に誰に聞いたらいいのか」など、よく使う質問項目をまとめておく。

＼ どんな状況でも 書けます！ ／

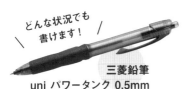

三菱鉛筆 uni パワータンク 0.5mm

インクを圧縮空気で押し出すボールペンなので、上向き・横向きはもちろん、氷点下でもしっかり書くことができ、トラブルが許されない筆記シーンにぴったり！

＼ サッと 取り出して ／

ラボクリップ キーノート ミーツプランナー A5 スリム

1ページにいろいろ書き込むと、後から必要な情報を探すのが大変。このノートは1ページが大きく6つのブロックに分かれ、1トピック1ブロックと決めると書き込みやすく、探しやすくなります。またスリムサイズなので、パソコンの横などに置いて使いやすい！

CASE 3 締め切りに追われ マルチタスクが必要になる

自分で掘り下げたマルチタスクが苦手な原因例

業務にかかる時間や締め切りの見積もりが甘かったり、予想していないタスクが発生することが多く、気がついたらキャパオーバーな業務量を請け負っている。

→

対応方法の例

業務単位でスケジュールを組み、キャパオーバーになりそうなタスクを把握し、他の人に依頼したり割り振るようにする。

＼ 業務を可視化！ ／

デルフォニックス ロルバーン ノートダイアリー ガントチャートA5

複数の案件や予定を管理できるガントチャートが入った手帳。

ゴールから考える、俯瞰して考えられる手帳

マルチタスクを抱える人に嬉しい複数の案件や予定を管理できるガントチャートが入った手帳です。締め切りから逆算しながら予定を立てることができ、複数の案件を一覧で見ることができるので、スケジュール変更や業務の調整など、イレギュラーなことが起きてもタスクの調整がしやすいです。

お悩み **4** 整理整頓が苦手

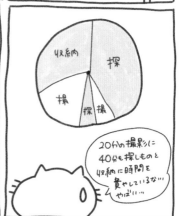

何事もまず、モノを探すことから

学生時代のわたしは、部屋や自分のデスクが特段散らかっているわけではないのに、必要なものが見つからないタイプ……。だから、勉強や家事、趣味、何をやり始めるにも、まずは「必要なモノがどこにあるのか探す」ことから始めることが苦痛で苦痛で。

気がついたら、毎日探し物をしているし、探し物をしている間は時間が無駄に過ぎていくことにイライラしたり、見つからなかったらどうしようとハラハラすることもありました。

でも、社会人になると、会社が備品の管理をきっちりと行っているから、どこに何があるのかが明確になっているので探し物タイムが減り、素早く気持ちよく業務を遂行できることに驚きました。よく使う文房具や、保管が必要な資料、後で確認と対応が必要なメモなどは、自分が快適に暮らしていくために収納ルールを決めたり整理整頓したりする必要があると気がついて、目から鱗がポロポロ落ちました。

また、整理整頓が必要だと分かってはいても、細かく分類して管理しようとすると例外が出てきた時に対応できず放置してしまったり、整理整頓自体を面倒に感じてしまうなどの本末転倒な失敗も経験してきました。

そんな試行錯誤がありつつの、わたしなりの今まで試してみて使いやすかった収納・整理アイテムを紹介します。

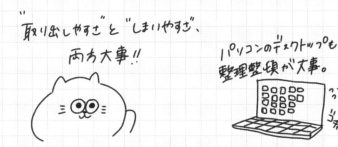

"取り出しやすさ"と"しまいやすさ"、両方大事!!

パソコンのデスクトップも整理整頓が大事。

向き合う

1 | 整理整頓が苦手な原因を見つけるため A〜Cを紙に書き出す

A よく失くすものは何か

→ はさみや後で確認しようと思っていた資料、領収書など、
よく失くす物を洗い出すことで、整理整頓が苦手な原因を推測することができます。

B どこから見つかることが多いか

→ 玄関やトイレの棚、職場のデスクの引き出し、バッグの底など、
失くし物がよく見つかる場所をチェック。よく見つかる場所は、
つまり無意識にモノを置きやすい場所で、そこを整理整頓すると快適になります。

C どうして失くすのか

→ 他のことを考えながら無意識に物をあちこちに置いてしまう、どこにしまうべきか
悩んでいるうちにどこかに一旦置いてしまう、日によって使うバッグを替える時に
物を移し切っていないなど、何をどう対策すれば良いかを明確にしていきます。

2 | 書き出すのが難しければ 以下に当てはまるものがないか考えてみる

自分以外の要因でものが失くなることはないか

例）会社の備品で、決まっている保管場所に戻さない人がいる

収納場所は決まっているのに、 つい面倒で違う場所に戻してしまうものがある

例）紙類を分類して保管しているが、分類するのが面倒で
机の上に置きっぱなしにしてしまう

例）領収書入れを持っているのに、バッグの中から探すのが
面倒で財布に入れっぱなしにしてうっかり捨ててしまう

LOOP 2 サポートアイテムを用意する

CASE 1 探し物をしながら作業している

自分で掘り下げた整理整頓が苦手な原因例

あちこちに必要な文房具が収納されていたり、使ったまま放置されていて、探しながら作業をしている。

→

対応方法の例

イベントや研修、他企業への郵送など、頻度も高くて使うものも固定されているのであれば、それ専用に文房具を買い足し、ポーチに全て入れて管理してみる。または、とくに文房具置き場が管理されていない場合は、あちこちに散らばっている文房具を、なるべく実際に使う場所に近いところに集めて収納するようにする。

ゴチャゴチャしているものは
仕分けポケットで隠せる

**Kleid メッシュ
キャリーポーチ**

中に何が入っているのかすぐに分かるメッシュポーチ。内側には仕分けポケットがついていて出し入れしやすく、ポーチ外側の上部にはボールペンやクリップなどを挟める機能も!

資料整理の
救世主!

柔らかな素材感で
ガジェットの持ち運びにピッタリ

**プラス ナカ見え
ガジェットポーチ**

前面は半透明のデザインで、中のものが見えやすいポーチ。文房具の他に、ケーブルや充電器などの収納の悩みを解決してくれます。

ダイモ M1880 (9ミリテープ用)

インク不要で、資料の分類・整理に欠かせないラベルを作成できます。裏面が粘着テープになっているので、文字や記号などを打ち込んだらそのまま貼り付けることができます。

「入れやすい」「何が入っているか分かりやすい」が大事

よく物を失くす時のシチュエーションって、「しまうの面倒臭いから後でいいや」と、その辺に置いてしまうことがよくある原因ではないでしょうか?

収納しないといけないものより少し大きめのポーチを用意して出し入れを楽にしたり、ポーチを開かずともどれがなんのポーチか分かると出し入れの面倒臭さが少し軽減します。

てん店長的しごと文房具の選び方

紙類の整理整頓が苦手

自分で掘り下げた整理整頓が苦手な原因例

後で確認や対応が必要なもの、分類して保管が必要なものなど、今すぐやるには少し面倒で、溜まってからやろうと思ってその辺に放置してしまい、失くしてしまう。

→

対応方法の例

紙類であれば、とりあえずここに入れておけばOKと決めた一時保管場所を作り、週末などにまとめて確認と分類をする。会社で使う資料はデスクの引き出し、家に届く郵便物などは玄関の棚などに一時保管場所を作るのが良さそう。

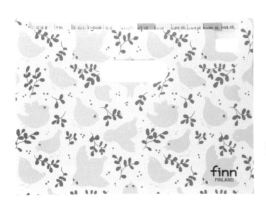

ポイポイ入れるだけで分類できる！

セキセイ フィンダッシュ® ドキュメントスタンド

自立する書類収納ケース。収納場所がないけど紙の資料が溜まりやすい場所に一つ設置しておくのがおすすめ。12仕切りで13ポケットあるので月別の他、家族の宛先別など細かに分類することもできます。

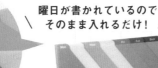

曜日が書かれているのでそのまま入れるだけ！

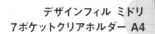

デザインフィル ミドリ 7ポケットクリアホルダー A4

7ポケットなので1週間単位で使うのに便利なホルダー。後で資料を作成するための参考資料、確認して対応する予定の手紙など、一時保管するのに便利なアイテム。

**無印良品 ポリプロピレン仕切りファイル
A4用・13ポケット**

フタがついているので、会社と家・会社と外出先など
持ち運びが必要なシーンでも便利。また、説明書など
のさまざまなサイズの紙類を収納するのに便利。

分類の細分化しすぎに注意！
おすすめ使用頻度別に分類

ポケットがたくさんあるファイルや引き出しがたくさんあるキャビネットなど、どう収納するか考え
る時に、全てのファイルや引き出しを埋めたくて無駄に分類を増やしたりしていませんか？
わたしは収納があれば、ちょうどぴったりを目指して細かく分類したり、収納するものをあえて増
やしたりしてしまうことが多々ありました（今でも気をつけないとやってしまう……）。
そうしてしばらくすると、「あれ？ これはどこの引き出しに対応するものなんだろう？ 分からな
いから一旦机の上に置いちゃおう」と出しっぱなしにしていたり、「この資料も一緒に入れておきた
いけど、余っているファイルポケットがない」と整理整頓のルールが崩れて、どこに何を収納した
のか分からなくなる……などの状況に直面します。
そんな経験から、収納時に「なんでもOK」や「今後のための余白」の場所をあらかじめ確保して
おくと、比較的上手くいくことが増えました。
また分類に悩んだ時は使用頻度などで分けておくと、取り出しやすいところによく使う資料など
を収納できて便利ですよ。

威圧的な人

トゲ トゲ トゲ

ハァ？ そのミス、わたしのせいだって言いたいわけ？

悪意のある人

えー…あなたも同じチーム？やる気なくすわー…

価値観が合わない人

仕事に影響がでているし、一応、上司と人事に相談しておこう。

その日のお昼

他人が変わることを期待するより、自分と環境を変える方が確実。

異動か転職しよ。

それまでにパンダさんがいなくなる可能性もあるし。準備しておこう。

変えられるのは
自分と自分の環境だけ

インスタグラムのストーリーズで「仕事のお悩みありますか？」とフォロワーさんに聞くと、一番多い回答が職場の人間関係。

悪意を持って接してくる人、価値観が違うため意見が合わない人などなど、人間関係の悩みは千差万別ですよね。

文房具での解決方法としては、かわいいふせんでコミュニケーションを円滑にしたり、大きな紙に悩みや気持ちを書き出してスッキリするなどの方法はありますが、分かり合えない相手との根本的な人間関係を解決することは、文房具には少々難しいのかと思います。

文房具に限らず、どんな手段でも相手を自分に良いように変えることは難しいですよね。

わたしがアドバイスできるのは、「自分自身と自分の環境を変えることで解決できないか考え、行動するために文房具を活用する」こと。

今までに紹介したループを参考に、自分自身と向き合ってみてください。

それでも解決が難しい場合は、きっと異動や転職など、環境を変える大きな決断をする時なのかもしれませんね。

てん店長的しごと文房具の選び方

文房具は自分の気持ちを整理することはできても
他の人を変えることはムズかしい…

もう一度やる可能性があるなら 自分のためにマニュアル化

効率化したい！　ミスを削減したい！　と思った時、毎日行うような頻度の高い業務を見直す方が多いのではないでしょうか。もちろん、頻度が高い業務は必須で見直すのですが、他にも毎年行われるような季節に絡む行事、四半期に1回のレポート作成、たまーに起きる臨時対応など、今後もう一度行う可能性がある業務も自分のためのマニュアルを作っておきましょう。

このような、たまーにしか行わない業務ってついつい手順や気をつけるポイントなんかも忘れてしまって、毎回まっさらな状態で会社のマニュアルや資料を見返し、思い出しながらやっていることはありませんか？

わたしの場合、「たまにやる業務」は思い出しながら作業することが多くて、考えながら手を動かしているのでミスが発生しやすく、手間取るので時間もかかります。

すでにあるマニュアルなどを参照するのでも良いのですが、たまにしか使わないマニュアルを探し出すのって意外に時間がかかってしまったり、他の人が作ったマニュアルだと読み解くのに時間がかかったりしませんか？

なので、自分のために必要な手順や失敗しそうなポイント、注意すべきチェックポイントなどを残しておくのがおすすめです。

てんのリアルなマニュアルノート

ATOMA Bio
ページの入れ替えができるリングノート。
片手で握ると手にフィットするように湾
曲し使いやすくてお気に入りのアイテム。

方眼なので
書き込みしやすい！

2章

シーン別！
てん店長的文房具のススメ

2章ではあらゆるシーン別での
おすすめの文房具を紹介します。
ニューノーマルな働き方に合う
「リモートミーティング」や「リモートコミュニケーション」、
「省スペース」にぴったりな文房具に、
整理整頓するための収納文房具、
はたまたTODOを管理するためのふせんやノートなど、
いろんなシーンで活躍してくれる
てん店長セレクトの文房具をお楽しみください！

ニューノーマルな働き方に合わせて仕事道具を整えよう

NO. 1 | リモートミーティング文房具

リモートワークになることで、会議室への移動時間がなくなり、立て続けにミーティングをしたり、コミュニケーション促進のため、雑談や共有のためのミーティングが増えた方も多いのではないでしょうか。オフラインでのミーティングとはまた違った悩みも出てくると思うので、ぜひ便利な文房具で工夫してみませんか？

ラボクリップ キーノート ミーツプランナー A5

6分割されたフォーマットが特徴。1ブロック1ミーティングでミーティング中の議事メモを取る使い方がおすすめ！ 立て続けのミーティングの隙間に、議事メモを見返して共有・タスク依頼などのちょっとした業務を進めたり、前回のミーティングの流れを把握することができます。

\ インデックスで
すぐ見つかる！ /

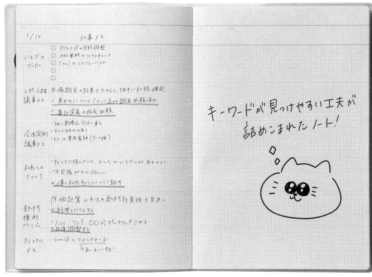

キーワードが見つけやすい工夫が
詰めこまれたノート！

水性顔料インクなので
濃く書けて、にじまない@

三菱鉛筆 ユニボール シグノRT-1 ノック式 0.38mm

ゲルインクで掠れずスルスル書けるのに、滲まず細かく書き込めるボールペン。

他にも3色ボールペンや
多機能ペンタイプも
あります！

ぺんてる 油性ボールペン Calme 単色 0.5mm

ボールペンのノック音ってリモートミーティングだと響きがち。このボールペンは従来比66%低減の静かなノック音。

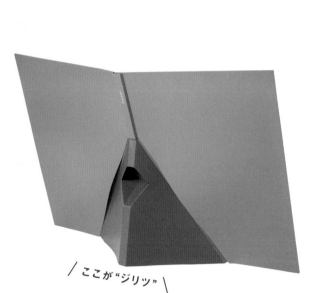

キングジム
ジリッツ クリアーファイル

ファイルが自立するので限られた作業スペースでも、A4サイズの紙2枚を横並びで見ることができます。目線の位置も上がるので、ミーティングしながら資料を参照する時に便利なアイテム。

／ ここが "ジリッ" ＼

てん店長のこぼれ話

会議と会議の間がなくなりがちなリモートワーク

リモートワークで急増したミーティング。多い日は1日に10件近いミーティングをすることもあり、トイレに行く時間も、水を取りに行く時間もない時が多々ありました。

文房具でミーティングの効率化をはかるよりも先に、ミーティング進行方法の見直しや、そもそも出席するかどうかの見直しなども大事ですね。

PAPIE TIGRE
CACHE CACHE
ウェブカメラカバー

顔出しが必要ない時や、何かあってカメラOFF
に切り替えたい時に安心なのがカメラカバー。
かわいいトラのキャラクターに癒されます。

Webカメラカバーがあるだけで、
安心感がスゴい！

ミッフィー キャラメモボード
みぎのぞき

ちょっとした備忘録に便利なメモボード。セ
カンドディスプレイなどに貼って、ふせんや
ケーブルホルダーを貼り付けて使います。

ふせんで埋まる前に
ミッフィーちゃんを見つければ！と
タスクも捗る！

リアルとは違った
オンラインコミュニケーション

NO. 2 | リモートコミュニケーション文房具

リモートワークでは、リアルとは違ったやりと
りがメイン。非対面のリモートミーティングや分
からないことの聞きずらさなど、ニューノーマル
なシーンにぴったりの文房具を紹介します。

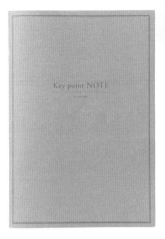

is amulet.
自分だけのマニュアルノート
（Key point）

会社員のインスタグラマーが考えた
仕事ノートシリーズの1冊です。中に
は仕事で使いやすい、ノートのコン
セプトに合わせて選ばれた4種類
のフォーマットが綴じられています。

合計64Pの薄手タイプなので、
手持ちの手帳にプラスして
持ち歩きやすい！

面談やコミュニケーションのログを残すのに便利なフォーマット。管理
職であればメンバーの調子をチェックするために使うのもおすすめ。

0.8mmの極細マーカー付き！

学研ステイフル
Write White プラス
ホワイトボードノート

ノート型のホワイトボード。リ
モートミーティングで画面越し
に図や情報を整理して見せるこ
とでミーティングの質をアップ！

自分で自分を
ほめるのもアリ!!

ササガワ ほめ手帳

いつどんなことを褒めたいと思ったのかを
メモすることができます。リモートだと、後
でお礼を伝えよう、褒めよう、と思ってい
ても忘れてしまったり話す機会を逃すことも
ありますよね？ そんな時のためにメモし
ておくと伝え漏れがなくなりますよ。

限られた作業スペースでも快適に！

NO. 3 │ 省スペースで活躍する文房具

会社のデスクと違って、リモートワークの場合は限られたスペースで仕事する方も多いのではないでしょうか？　パソコンを開くと机の上はもうぎゅうぎゅう！　という方におすすめしたい、パソコンと相性の良い省スペースで使える文房具を紹介します。

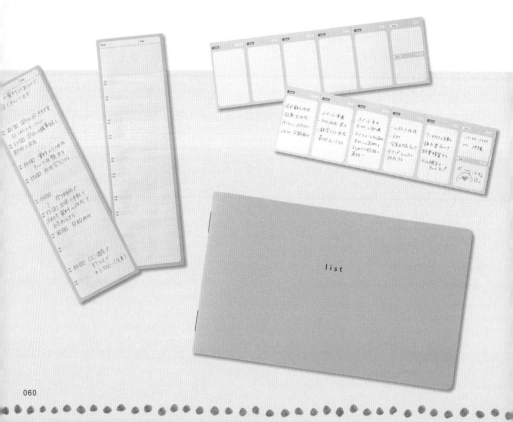

折ったり、
ピリピリ切ったり…
使って楽しい！

時間は
ガイドラインがあるので
上手に書きこめますよ！

HOPAX スケジュールノート
（デイリー）

1日の予定を書き込める縦長のふせん。リモートワークしていると、作業に集中しすぎてうっかりミーティングの時間を忘れちゃうことも。時間と予定を大きく書き込めるふせんなので目につくところに貼っておけば安心ですね。

HOPAX スケジュールノート
（ウィークリー）

1週間の予定を書き込める横長のふせん。ディスプレイの下に貼ったり、ジャバラ折にしてデスクやパソコンに貼ってもOK！ 曜日ごとにミシン線で切り込みが入っているので、終わった日から切り取って捨てたり、手帳に貼り付けて保管することもできます。

list

ダイゴー
isshoni. ノートブック デスク

パソコンの手前のデッドスペースに置いて使える横長のノート。13インチと15インチのノートパソコンの幅と合う2サイズ展開です。TODOを管理できる「list」、メモを書き込める「ruled」、アイディアや考えを整理できる「grid」、一日の予定を管理できる「daily」の4つのフォーマットがあります。

パソコン仕事の悩みも
文房具にお任せ

NO. 4 | パソコン周りの便利文房具

パソコンで仕事をしていると、増え続けるパスワードの
管理や肩こりなど色々と悩みが増えていきますよね。
文房具やパソコン周りの便利なアイテムを紹介します。

てん店長のこぼれ話
考えるときは、紙とペンが効率的

パソコンで仕事をしていると、気がつかないうちに考えながら作業している
ことが増えました。例えば、どんなことをどのような構成で伝えるか考えな
がらパワーポイントで資料を作るときなど。ある時、上司に「考えながら作
業するな」と注意されたことがあるんです。資料を作るときは先に紙に構成
を書くほうが効率的、考える時はパソコン上の文字や図形を操作するので
はなく、先に紙とペンで頭の中の情報を書き出して発散と整理するほうが質
が上がる、という考えの上司でした。パソコンでは作業のみ行い、紙とペン
で考える。この組み合わせが意外としっくりくるので、ぜひお試しください。

失くさないように、
定位置で保管しよう

ハイタイド パスワードメモブック

1ページ2フォーマットで62ページあるので、124個のアカウントや
パスワードを管理することができます。表紙には「MEMO BOOK」と
いう配慮がされているのも嬉しいですね。

はがせるから
会社Pc でも大丈夫!!

MOFT 超薄型ノートパソコンスタンド

ノートパソコンの裏に貼り付けて、パソコンに角度をつける
ことができるアイテム。ディスプレイの位置が上がるので、目
線も上がり首や肩への負担が軽減されます。わざわざスタ
ンドを持ち運ばずに、必要な時に使えるのが便利ポイント!

ハイタイド
ガジェットレスト

5段階の角度調整ができ、
折りたたむと薄型になるガ
ジェットスタンド。スタンド
の台座には凸部分があり、
しっかりとスマホをホール
ドできます。スマホをタイ
マーとして使う時や、スマ
ホでリモートミーティグに
参加する時、またB6サイズ
の手帳や本なども立てか
けて使うことができます。
折りたたんでも0.6cmとか
さばらないので、旅行・出
張・出社などの移動時の持
ち運びにも便利。

ハイタイド
メタルブックレスト

3段階の角度調整ができる
ブックスタンド。手帳やフォ
ルダ、タブレットなどを立て
かけることができます。丸ポ
チのついた支えがページを
しっかり固定するので、ペー
ジがめくれてしまうこともあ
りません。薄型なので使わ
ない時は本棚に立てかけた
り、引き出しにしまえます。

オフィスでもこだわりの文房具でしごとを楽しく

NO. 5 | ミーティングの心強い味方

対面のミーティングは、人によってこだわりの文房具を見ることができるチャンス♪「そんな文房具あるんだ」「ペンにもこだわっているんだな」とか文房具好きの心が躍る瞬間なんですよね。会社の備品の文房具以外にも、自分の使いやすさや好みに合わせた文房具を使って、仕事を楽しみましょう。

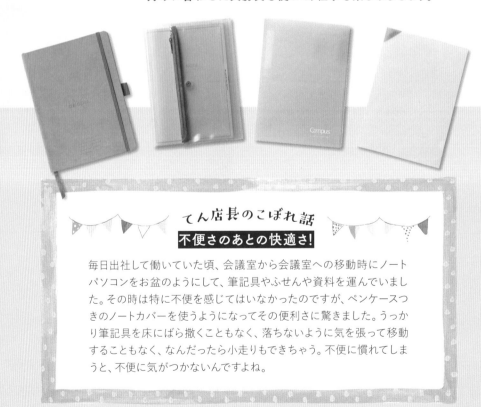

てん店長のこぼれ話
不便さのあとの快適さ！

毎日出社して働いていた頃、会議室から会議室への移動時にノートパソコンをお盆のようにして、筆記具やふせんや資料を運んでいました。その時は特に不便を感じてはいなかったのですが、ペンケースつきのノートカバーを使うようになってその便利さに驚きました。うっかり筆記具を床にばら撒くこともなく、落ちないように気を張って移動することもなく、なんだったら小走りもできちゃう。不便に慣れてしまうと、不便に気がつかないんですよね。

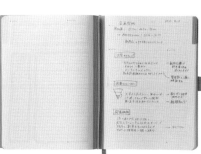

ロディアラマ ミーティングブック A5

ミーティングや打ち合わせにぴったりなフォーマットのノートです。議題や参加者、メモやTODO、アクションなどを書き込む項目があります。表紙にはRHODIAのロゴとミーティングのシンボルの素押しがされており、高級感があります。背表紙の見返しにポケットもついているので、ちょっとした資料やカードなどを一時保管するのに使えます。

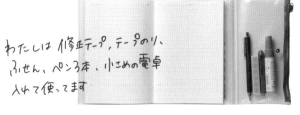

わたしは 修正テープ、テープのり、
ふせん、ペン3本、小さめの電卓
入れて使ってます

ダイゴー isshoni.
ペンケース付
ノートカバーPVC A5/B6

ペンケースが一体型となったクリアなノートカバーです。クリア素材なのでお気に入りの手帳やノートのデザインを損なわずに使うことができます。また、ペンケースがついているので会議室の移動時に少ない手荷物で移動できるのがとっても便利なんです。

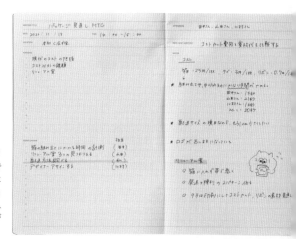

LACONIC® スタイルノート Meeting

議事録を作成するためのノートです。88gと軽量で薄いノートなので、手帳にプラスして持ち歩くのに便利！ 1冊で30のミーティング議事録を取ることができます。次のミーティングの詳細について記入する欄も設けてあり、うっかり決め忘れてしまいがちなこともカバーしてくれる優秀なノートです。

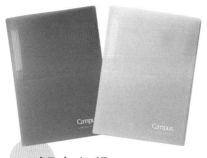

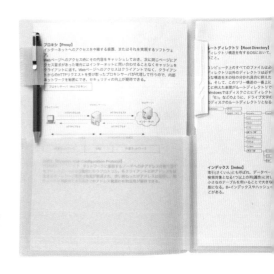

コクヨ　キャンパス
クリップボードにもなるプリントファイル

商品名の通りのアイテム。ファイルの一面が硬めの
ボードになっています。立ちながら、移動しながら、机
がない場所でも資料に書き込むことができます。ファ
イルとしても優秀で、メインポケットに40枚、サブポ
ケットに10枚、クリップ部分に10枚収容できます。

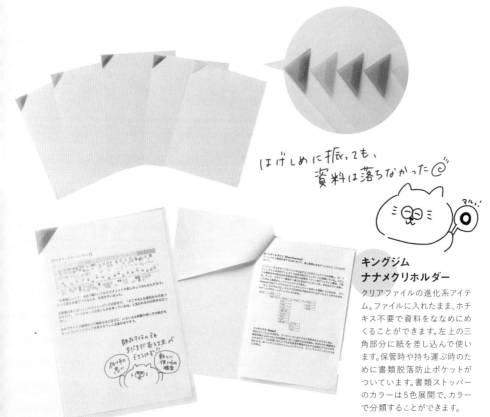

はげしめに振っても、
資料は落ちなかった☺

ミミ
マル♪

キングジム
ナナメクリホルダー

クリアファイルの進化系アイテ
ム。ファイルに入れたまま、ホチ
キス不要で資料をななめにめ
くることができます。左上の三
角部分に紙を差し込んで使い
ます。保管時や持ち運ぶ時のた
めに書類脱落防止ポケットが
ついています。書類ストッパー
のカラーは5色展開で、カラー
で分類することができます。

NO. 6 | コミュニケーションを 円滑にする文房具

上下関係がある人間関係や、これからも長い付き
合いになるコミュニティでのコミュニケーションが苦
手なわたしがセレクトした文房具を紹介します。
苦手なコミュニケーションを助けるという目線でも
優秀なアイテムがたくさんありますよ。

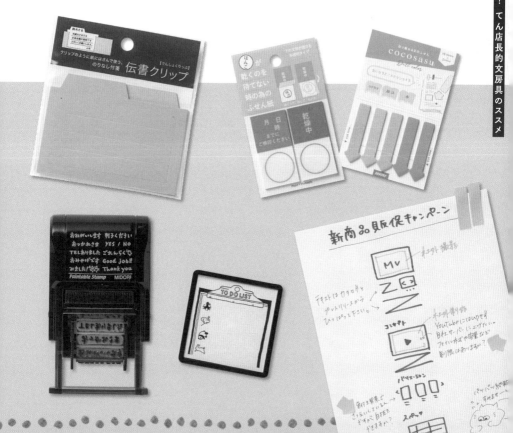

山櫻 プラスラボ 伝書クリップ

クリップのように挟んで使うのりなしふせんです。クリップなので複数枚の書類をまとめることができ、さらに見出しとメッセージを書き込むことができます。見出しがあることで書類の山に埋もれていても見逃しにくくなり、メッセージエリアにも罫線が入っているので文章も書きやすいです。

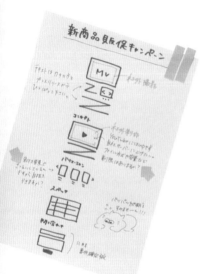

実用的なのにワクワクする
ふせんたち！

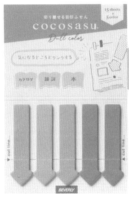

ビバリー ココサス
くすみカラー

矢印部分を切り離すことができるので、「資料のここを見てほしい！」という時に活躍します。マーカーを直接引けない資料や、複数枚ある資料だと見逃してしまいそうで、口頭で説明しただけでは不安になる時がありますが、こちらのアイテムがあれば安心ですね。

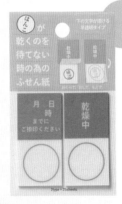

サンビー
はんこが乾くのを
待てない時の為の
ふせん紙
グラシン紙B

ハンコをもらう時に便利なシリーズ。契約書や申請書類など、うっかりハンコ漏れがあるシーンで活躍します。どこにハンコをもらいたいのかも分かりやすいですよね。ぜひ会社の公式備品として取り扱ってほしいアイテムです。

デザインフィル ミドリ スタンプ 浸透印 電話柄

電話の応答時にあると安心の伝言用のスタンプ柄。ふせんやメモ帳にスタンプ台不要で押すことができる浸透印で約1000回押すことができます。補充インキも別途販売されているので長く使えます。聞かないといけないことが、穴埋め式とチェック式で用意されているので、苦手な電話対応でも落ち着いて対応できそう。

補充インクは共通です

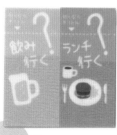

サンスター
Piri-it!Ⅳ 飲み行く

飲み会やランチのおさそいを楽しくできるふせん。ピリッとふせんを切ると「?」が「!」になるデザインです。資料を渡すついでや、席の近くを通ったついでにこのふせんでコミュニケーションできます。

デザインフィル ミドリ スタンプ 回転印 ビジネス柄

ビジネスシーンでよく使うワードが10柄入った回転印。手書き風のフォントがかわいいので会話のきっかけになりそう。インキパッドつきなので、スタンプ台は不要ですぐに使えます。わたしの一押しは「みました!」柄。ねこがお気に入りです。

てん店長のこぼれ話 苦手だった電話対応

わたしが新卒で入社した会社では、電話対応や飲み会の幹事などは新卒の仕事として割り振られていました。当時は「電話なんて一方的に相手の時間を奪うし他の連絡手段でいいじゃん。」と思いつつ、電話が鳴るたびにドキドキしながら対応をしていました。時は経ち、社会人8年目。いまだに電話対応と聞くと身構えるくらいには苦手意識はあるのですが、「電話も便利な連絡手段だな」と思うようになりました。メールはやりとり内容の記録を残せるし好きな時間に対応できる。チャットツールは気軽にサクッと送れるし、記録も残るし、他の人も能動的にやりとりを見ることができる。電話は要件をサクッと伝えたい時や、感情を伝える時、緊急度が高い時に便利。最近はさらにビデオミーティングなども増えましたが、用途や相手の状況に応じてさまざまな連絡手段を使い分ける柔軟さが、快適なコミュニケーションに繋がるのかなと思っています(いまだにFAXだけは使い方が分からないので、要努力ですね)。

好きなことを学び続ける楽しさ

NO. 7 | 進化している文房具にドキドキ

仕事や家事育児を通して興味を持った資格、キャリアアップや就職に有利になる資格、得意を生かしたスキルの上達など、社会人になっても勉強は続きますよね。進化しつづける勉強に役立つ文房具を紹介します。

コクヨ キャンパス
バンドでまとまる単語カード

伸縮するシリコンバンドでまとまる単語帳です。社会人は仕事以外の時間や、家事育児のスキマ時間で勉強することもあるので、バンドでまとまっていると持ち運ぶ時にカードがバラけずコンパクト！

パイロット
ジュースアップ05

極細のゲルインキボールペンです。スルスルとインクが出る書き心地の良さが人気のゲルインキは、インクが多めに出てしまい文字が太くなってしまうのがデメリット。こちらのシリーズは、ゲルインキなのに細く書ける優れもので、ノート作りなど細かな文字を書くのにも活躍します。

てん愛用アイテム！
他にもパステルや
メタリック シリーズも
あります！

ゼブラ サラサスタディ

大人気のSARASAシリーズから出ている、勉強量が目盛りで分かるボールペン。インクがどのくらい減ったのか分かるようになっているので、モチベーションにも繋がるし、達成感も味わえます。

スタビロ
スイングクール
パステル

蛍光色ではないマーカー。ペン先が乾きにくく4時間キャップを開けっぱなしでも乾かないため、キャップの開け閉めを気にせず使うことができます。蛍光色ではないですが、しっかりと発色するので重要な部分もチェックすることができます。蛍光色と違って、目がチカチカしないのもいいですね。

ドリテック
T-587 ラーニングタイマー

時間を意識するために使える勉強用タイマー。カフェや図書館でも使えるように、アラーム音は消音に設定することができ、光でお知らせしてくれます。

デザインも機能も
進化し続けている

No. 8 | 計画を立てる・ノートを作る文房具

社会人になりTOEICを受けようと思い、本屋さんで参考書を購入し、文房具屋さんに勉強道具を見に行ってみると、あらびっくり。学生の頃にはなかったような心をくすぐるデザイン、勉強が楽しくなりそうな文房具がたくさん並んでいました。
学生時代は色ペンは同じシリーズでたくさんの色をそろえる、シャー芯とノートは安いもの、メモ帳とシャーペンはかわいいものを、みたいな基準で探していました。社会人になり価値観や経済力も変わり、進化し続けている文房具を目の前にしてワクワクが止まらなかったのを覚えています。

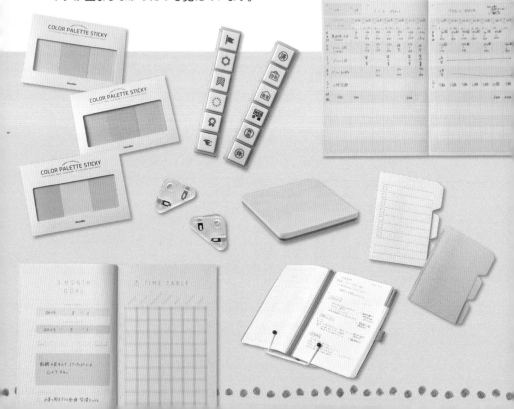

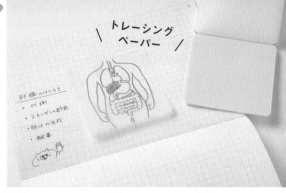

トレーシング ペーパー

デザインフィル ミドリ 選べるふせん

3種類の紙が1冊にまとまっていて、どの紙からでも使えるふせん。ノートに追記したい時には上質紙、重要なことや注意を引きたいものはクラフト紙、参考書から図などを写したい時はトレーシングペーパーと選んで使うことができます。

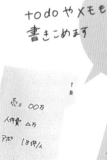

todoやメモも
書きこめます

ハイタイド スティッキータブ

自由に見出しを作ることができるふせん。勉強ノートの見出しがわりに、資料の分類のインデックスがわりに使えます。タブの位置が上・真ん中・下と3種類あるので、見出しが重なることなく見えて便利。

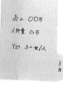

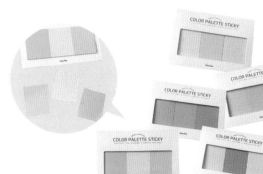

ただただ カワイイ
集めたくなる！

モノライク カラーパレット ふせん

韓国メーカーのふせんパレット。使っているだけでテンションが上がるデザインです。カバーがついているので持ち運びする時に、中のふせんがめくれたり破れたりしないのも嬉しいポイント。

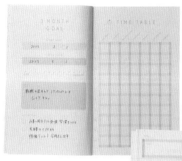
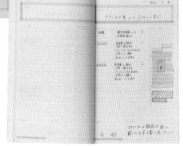

いろは出版 スタディプランナー
とじノートタイプ〈DAILY〉

3ヶ月後の目標と、その目標を達成するための計画を週単位で立てられるページがあり、資格や免許試験などの勉強にぴったり。また、立てた週単位の計画に対して、TODO管理や勉強を頑張った時間のログを記入するページがメインのノート。目標だけ立てて、計画が立てられない・実行できないという方は一度試してみてください。

ハイタイド メタルブックレスト

P.63でも紹介したこちらのアイテム。参考書などを立てかけて使うのもおすすめ。丸ポチのついた支えがページを固定するので、厚めの本でもしっかりと開いたまま立てかけることができます。

*クリップ部分が
飛び出こないので
スッキリ!!*

ソニック コーナークリップ

四角い角にフィットするので、スッキリと資料をまとめることができます。また、ノートと合わせて使うことで、しっかりとページが開くのでノド部分にも書き込みがしやすくなります。

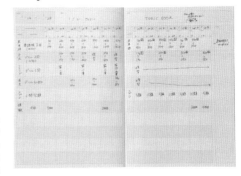

まずは2週間頑張ろう!!

コクヨ
キャンパス スタディプランナー 2week

短期集中で2週間ごとに計画を立てたい人におすすめ。もとは学生が定期テストの計画を立てるのが目的のノートですが、「パソコンのスキルを強化したい」「会社で使っているツールを使いこなしたい」「健康診断前に健康の強化」など短期間で取り組みたい時に役立ちます。また2週間を見開き1ページで見られるようになっていて、続きのページも同じフォーマットなので、長期の計画にも使えますよ。

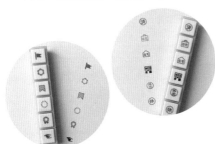

こどものかお
ポチッとシックス

6柄が1本にまとまったボタン式浸透印。スタンプ台も不要ですぐに使うことができます。スティック状なのでペンケースにいれて持ち運ぶことができます。ポチポチと押す感覚が楽しいアイテムです。

MINI COLUMN

やっと学校を卒業して社会人になり、「今まで学んだことや経験したことをベースに仕事をするんだ！」と意気込んでいました。

でも仕事で成果を出そうとした時、専門知識の深掘りや他分野の知見、最新情報の収集が必要なんだと気がつき、すぐに「あぁ、これはこの先勉強し続けないとダメそうだな」とちょっとげんなりしたことが記憶に新しいです。

それでも専門知識や他分野の知見は、免許や資格などで体系的に学べるような参考書やスクールがたくさんあり、学びやすい状態になっていてありがたいですよね。

困るのは最新の情報のキャッチアップ。最近の流行りの曲を知らない、iPhoneの新機能を使いこなせない、偏った情報媒体しか見ない、など新しいものに関して無関心だったり拒絶反応があったりして、興味関心の幅が狭くなっているなとヒヤッとする時があります。

専門知識や他分野の知見を学ぶうちに興味関心の幅が広がったり、世代問わず交流していくことで新たな価値観や情報を知ることができるから、今までの経験や知識に頼るのではなく勉強していく姿勢が大事なんだなと気がついた29歳の夜でした。

どこでも仕事ができる時代の文房具1

NO. 9 | 紙とペンをコンパクトに 持ち運べる文房具

すごく気に入ったデザインの仕事バッグを見つけても、ぶち当たるのは「A4サイズが入るのか」という壁。またプライベートでもA5サイズの手帳は持ち歩きたいから、選ぶ基準は「A5サイズが入るかどうか」という同志はいらっしゃいますか？
どこでも仕事ができる時代になりつつあり、仕事道具を持ち運ぶことも多くなりました。よく使うものほどコンパクトになると嬉しいですよね。

キングジム コンパックノート

ルーズリーフを半分に折って持ち運べるアイテム。ノートごと二つ折りにしてしまうという斬新なアイディアですよね。リーフの追加もしやすい! 持ち運び時に表紙が開かないよう、ストッパーがわりのツメパーツと表紙のパーツで固定できます。同じコンセプトのコンパック クリアーファイルの展開もあります。

テンションが上がる カラー展開なので要チェック!

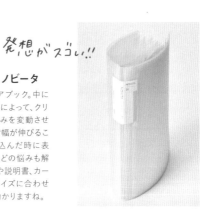

発想がスゴい!!

コクヨ クリヤーブック ノビータ

背幅が伸びるクリアブック。中に入れている資料の量によって、クリアブック自体の厚みを変動させることができます。背幅が伸びることで、たくさん詰め込んだ時に表紙が浮いてしまうなどの悩みも解消されます。領収書や説明書、カードなどさまざまなサイズに合わせた展開が多いのも助かりますね。

コンサイス ジェム クリアペンケース インナーケース付き

インナーケースがついたペンケースです。インナーケースにペンや定規などを収納できるので、ペンを探す時に狭いポーチの中でゴソゴソ探す必要がありません。また、このインナーケースは自立するので、外で作業する時に省スペースですみます。

中身が丸見えにならないので使いやすい!

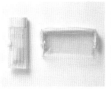
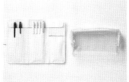
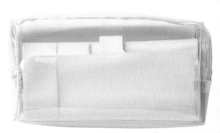

どこでも仕事ができる時代の文房具2

NO. 10 | 形や重さもさまざまな ガジェットの整理

パソコンやタブレット、スマホなどの電子機器やそれを充電したり繋いだりするためのケーブル、Wi-Fiのモバイルルーター、USBなど、技術の進歩に合わせて持ち運ぶものが増えている気がします。形や重さもさまざまで、整理整頓に頭を抱えている方も多いのではないでしょうか。今回紹介するアイテムは現在進行形でわたしが愛用しているものたち！ おすすめの使い方も合わせて紹介していきます。

MINI COLUMN

全然文房具じゃないんですけど、紹介したくて載せちゃいました（笑）

パソコンを持ち歩く人にすごくおすすめのリュックで、14インチまでのパソコンが収納可能なポケットと、タブレットが入るポケットがついています。気に入っていたポイントが、サブポケットにタブレットがすっぽり入るのでパソコンとタブレットを一緒に持ち運べる点だったのですが、最近仕様が変わってタブレットを入れていたポケットはなくなってしまったようです。ただ、デザインや機能がとても便利なのでパソコン用のリュックを探している方はぜひ一度チェックしてみてください。

topologie
Ransel
Backpack
Dry

忘れものがなくなって、
ストレスフリー！

プラス ナカ見え ガジェットポーチ

2つのポケットからできているガジェットポーチ。外側のポケットは半透明の窓がついており、中が透けて見えるので、何が入っているのかポーチを開けずに確認できます。仕分けポケットがあるので、細々したアイテムも整理がしやすい！ わたしは半透明の窓がついているほうに入れ忘れがちなケーブルを入れて使っています。ポーチをバッグにしまう時に、ケーブルがないことに気がつけてとっても便利。窓がないほうのポケットには充電器やACアダプターなど、重めのアイテムを入れているので、こちらも入れ忘れた時は重さで分かります。

コクヨ ミニクラシカルポーチ クリア

コクヨのレトロブングシリーズから出ている、クリアポーチ。オフィスや工場で業務連絡用の書類入れとして活躍していたアイテムで、それをキュッと小さくしたポーチです。わたしは、ガジェットポーチを持ち歩くほどでもないちょっとしたお出かけの時に、iPhoneのAC充電器やワイヤレスイヤホンの本体などを入れて活用しています。幅が3cmあり、見た目よりたくさん入る気がします。

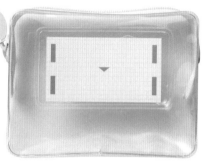

何が入ってるか
一目瞭然（ ˚▱˚ ）

シンプル イズ ベスト!!

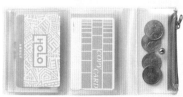

ダイゴー isshoni. カードファイル PVC

カードと小物を一緒に持ち歩けるカードケース。文具女子博でたまたま買ってみて、使い心地が良かったので、てんのしごと道具のインスタで紹介したらすごくバズったアイテム！ わたしはキャッシュレス派なので、小さいポケットに予備現金をちょっと、あとはよく使うカード類を入れて使っています。

NO. 11 | まとめてイン！
どこでも快適な手帳タイムを

お気に入りが増えたり、手帳を使い込むうちにたくさんの文房具を持つようになると、持ち運ぶ時に不便。「あ、あのペン家に忘れてきた！」「カバンの中が散らかってしまう」など色々な悩みが増えますよね。そんな時はノート、筆記具、ふせんなどをまとめて持ち運べるポーチやケースがおすすめです。

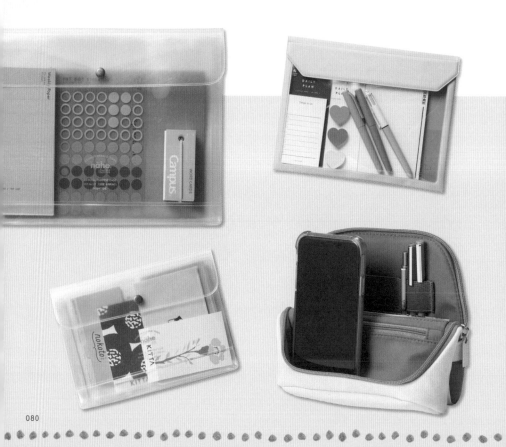

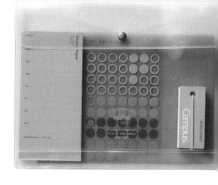

ハイタイド ネーエ ジェネラルパーパスケース

透明PVCで中身が見える多目的ポーチ。サイズや色の展開がかなり豊富なので、自分の状況にあったものかつ好きなカラーやデザインを選択できます。内側の仕切りポケットで筆記具を整理できる他、ケースの裏側にもスリットが入っておりサッと入れることができます。マチもついているので、厚めのノートも入るのが嬉しいポイント。

周辺アクセサリーも
充実しています

キングジム
フラッティ スタンダード

芯材が入っており、中のものが折れ曲がったりしないようになっているポーチです。薄めのノートや、シール・紙ものなどを入れて持ち運びたい時に嬉しい機能ですね。芯材のおかげでカバンの中でも自立し、スッキリ収納できます。わたしのお気に入りポイントはマグネットでフタがパチッと閉まること。開け閉めがノンストレスで使いやすいですよ。

自立するので
収納時も省スペース☺

ソニック ユートリム
スマ・スタ キャンバス地
モバイル立つバッグインバッグ

ポーチ兼オーガナイザーにもなるアイテム。スマホや文房具、充電器などを入れて持ち運ぶことができ、使う時はパカッと開いて、マグネットで固定されます。フリーアドレスの社内移動や、リモートワークなどの時でも、すぐに自分の仕事スペースができるのは便利ですよね。

経験を記録して
財産にする文房具

No. 12 | 自分のためのマニュアルノート

1章で紹介した、ミスを減らすための自分専用マニュアルノート。わたしは社会人1年目から、今後もう一回やるかもしれない業務のやり方をノートにまとめています(一時期やっていない時期もありますが)。

新卒時代は手に持てるサイズ感、社会人6年目からはリモートワークが始まったのでもう1サイズ上げて机の上で使いやすいサイズ感など、状況に合わせていろいろなノート・手帳・メモ帳を試してきたので、おすすめの機能を持った文房具を紹介します。

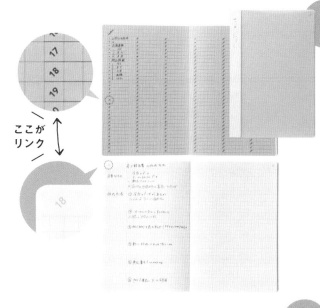

ここが
リンク

ダイゴー isshoni.
ノート ナンバー 方眼

各ページにページ番号がふって
あり、ノートの最初にインデック
スもついているので、どのペー
ジに何が書いてあるのか検索
しやすいノートです。「あの議事
録どこだっけな」「この業務の
やり方ってどこに書いたっけ?」
というお悩みを解決してくれま
す。また、ページ番号はななめ
にふってあるので、ノートを縦
で使っても横で使っても問題な
く番号を読むことができます。
表紙は硬質ポリプロピレン素
材なので、傷がつきにくく汚れ
も落ちやすくなっています。

is amulet. 自分だけのマニュアルノート（Key point）

4種のフォーマットが1冊になっている仕事ノート。各フォーマットには
明確に「ここに何を書く」ということは記されておらず、さまざまな使い方
ができるフォーマットが用意されています。マニュアルだけでなくチェック
リストが作れたり、なんでもリストが作れたり。ノート自体も薄くて軽い
ので、いつもの手帳にプラスアルファで使う方法がおすすめです。

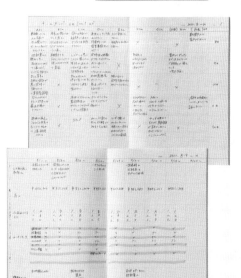

ページが入れ替えられるので、習った順ではなく
作業しやすい順に編集できるなんとも便利なノートを紹介します！

リヒトラブ AQUA DROPs
ツイストノート

メモを両側に引っ張るとリングが開き、中のページを抜き差しすることができるメモ帳。手でパチパチとリングを閉じるので、バインダーのように指を挟み込む心配はないです。このアイテムのおすすめポイントは値段！　たった220円〜（税込）という価格でページの入れ替えができるメモ帳が手に入ります。

デルフォニックス ロルバーンフレキシブル L サイズ

ダブルリングのノートで、ページが着脱できるようにリング穴にスリットが入っています。最近、わたしも使い始めたのですが、ディスクバインド式よりリングの部分がかさばらず、またノートにページをセットしたままでも書き込みやすくてお気に入り。リフィルやアクセサリー各種も豊富なので、用途に合わせてカスタマイズを楽しめます。

FLEXNOTE RECYCLED
LEATHER COVER D7

ディスクバインド方式のノートで、手で軽くページを引っ張るだけで外せて、押し込むだけで
ページを追加することができるノートです。ディスク部分がアルミ、オモテ表紙はリサイクル
レザーでできているので高級感があります。わたしは社会人6年目でフルリモートの勤務に
なった時に、こちらのアイテムを使い始めました。デザインが優れていて、机の上に置いて書
き込むのに良いサイズ感なので、デスクの上に置きっぱなしにして使っています。

ATOMA Bio

FLEXNOTEと同様のディスクバイン
ド方式のノートです。新卒1年目から
リピートして2冊使っていたアイテム。
プラスチックのディスクでノート自体
も軽く、手に収まるサイズ感で立ちな
がらでもメモできるのがお気に入り
ポイント。またディスクの直径も小さ
いので、かさばらずに持ち運べます。

MINI COLUMN

パソコンで行う仕事なら、パソコンでマニュアルを作ったほうが画面のスクショも撮
れるし、パソコンでマニュアル見ながら作業できていいのでは？　と、ソフトを使って
パソコンの中にマニュアルを作ったこともありました。

両方やってみた結果、わたしの場合はパソコンで作業し、ノートのマニュアルを参照、
と物理的に分けたほうが頭が混乱せず仕事をすることができました。

- ・マニュアルをノートに落とし込む時に自分にとって必要な情報だけに精査され、
  不必要な情報がないので読みやすい

- ・作業している画面のすぐ近くまでノートを持っていけて、
  目線や手元（マウス）の動きが最小限ですむ

- ・ミスしたことや注意点などをすぐに書き込んで修正できるし、
  目立つように工夫できる

ぜひ、上記の状態が便利そうだなと感じた方は試してみてくださいね。

NO. 13 | 整理整頓に便利な 文房具と収納アイテム

紙ものの収納や、増えた文房具の収納、みなさんはどうしていますか？
わたしの実家は「新しいもの入れ」「全ての文房具をごちゃっと入れる箱」「紙類を
まとめて置いておく場所」という感じで、まったく整理整頓されておらず、お目当ての
文房具や資料を探し出すのに時間がかかっていました（片付けをしたのと、わたし
を含め子どもが全員巣立ったので今は改善されました！）。
たくさんの便利な文房具はあくまで道具であり、道具を使いやすくするには整理整
頓が大事ですよね。

大きく開くので入れやすいし、中のものを探しやすい！

ハイタイド
レシートホルダー パヴォ

手ざわりの良いポリウレタンを使ったジャバラ式の
ファイルです。領収書やレシート、ショップカード、ス
テッカー、シールなどさまざまなサイズの紙ものを
分類して収納するのに便利！　細かい紙ものって
失くしがちだったり、うっかり捨ててしまったりしま
すよね？　玄関やカバンの中などアクセスの良いと
ころに一時保管のファイルとして用意しておけば、
そんな事態を防ぐことができますよ。このケースは
見えるところに置きっぱなしにしても、インテリア
になじむデザインなのが人気の理由の一つです。

リヒトラブ
Bloomin ドキュメントファイル5P
チケットサイズ

柔らかくしなやかな素材でできた5ポケットのドキュメ
ントファイル。ポケットのマチ幅が広いので薄手のメモ
帳やパスポートなども収納できます。各ポケットが大き
く開くので、中に入っているものを確認しやすく、取り出
しやすいのもポイント！　フラップがついているので、
持ち運びや保管時に中身が飛び出るのを防止できま
す。他に同じシリーズからA4サイズの展開もあります。

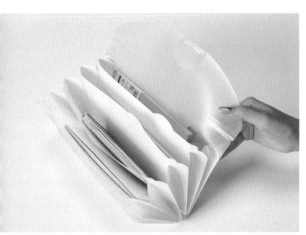

薄くて軽いから
常時バックにインして使える！

引き出しを閉めたまま、
丸い穴から筆記具を収納できるよ

無印良品
アクリルメガネ・小物ケース

小物の収納といえば、無印良品を思い浮かべる方も多いのではないでしょうか。こちらの収納は透明度の高いアクリルでできていて、中のものが引き出しを開け閉めしなくても分かるのでとても便利。また収納するものや、このケースを置く場所に合わせて縦・横どちらに置いても使えるようになっているのが非常に嬉しいポイント。わたしは、てんのしごと道具店の実店舗で、ケーブル類や電卓、はさみ、筆記具などよく使うものを収納しています。

置く場所、収納するものに
合わせて、向きを変えれる!!

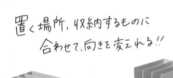

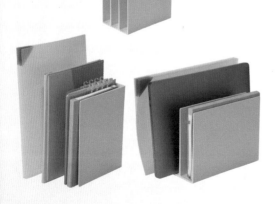

無印良品
スチロール仕切りスタンド・
ホワイトグレー

続いても無印良品のアイテムです。3つに仕切られたスタンドで、収納場所に置いて仕切りとして使ったり、本などを立てて使うことができます。置き方も使い方も自由自在！　わたしはこの仕切りスタンドを仕事用のデスクの上に置いて、数冊ある仕事用のノートとパソコンやタブレットを立てて使っています。パソコンなどの重さがあるものを立てかけても安定感があるので、本当に便利なアイテムです。

使っている筆記具やふせんが多い人におすすめ

コストコ
デスクトップ オーガナイザー
2個セット

ペンや定規など細長いものを収納するのに便利なオーガナイザーです。机の上はなるべく取り出しやすく戻しやすい収納が、きれいに保つコツだと思っています。このオーガナイザーは引き出しや棚にクリップや小さめの電卓、USBやふせんなど、細かなアイテムを収納できます。個人的にはブルーライトカットメガネも収納できるのが、お気に入りポイントです。

イケア
VARDAGEN
ヴァルダーゲンふた付き容器

色々なサイズのマステをまとめて収納できちゃう

ガラスの瓶で、収納というなんともかわいいアイテムです。さらにフタがついているので埃を防ぐことも！ マスキングテープってデザインが気に入って買うことが多いので、せっかくなら見せる収納にしたくて、愛用しています。特にお気に入りのマスキングテープは、瓶に直接貼ったりしても楽しめますよ♪

MINI COLUMN

オフィスみたいに整理整頓することが効率アップの鍵！

会社員になって驚いたことの一つに、オフィスの文房具や備品がきれいに整理されていることがあります。使う時のルールなどもあり、みんなが快適に使えるように工夫されていました。整理整頓されていると探すことに時間を使わないので、仕事に集中できますよね。そんな環境を作ってくれている会社や総務部の人に感謝したのと、自分のデスク周りもちゃんとルールを決めて使いやすいように整理整頓することにしました。まずは他の同僚がどんなデスクで仕事をしているのか気になったので観察。自分で用意したオーガナイザーを使って使いやすいように整理整頓している人もいれば、資料が積み上がっていたり、お気に入りのぬいぐるみが置いてあったりするデスクも。一通り、同僚のデスクツアーをした後に「テンションが上がりつつ、整理整頓されている」状態を目指すことにし、左側にはお気に入りの小物やグッズを置き、右側に筆記具や資料を置けるように整えました(右利きなので)。
その後、リモートワークになると机の形やサイズも変わり、キャビネットもなくなりと状況が変わったので、また試行錯誤の日々を送っています。

サクサクTODO消化
できる文房具

NO. 14 | サクッとTODO管理できるふせん

ふせんタイプのTODOリストは表紙がないものが多く、思いついた時にパッと書けるので、「TODOを書く」というTODOから解放されますね。また、手帳やデスク、モニターなど作業する内容や場所に合わせて貼り付ける場所を変えることができます。

最近は100均でも多くの種類を見かけるようになりました。TODOが溢れてどうしようと悩んだら、まずはふせんタイプで試してみては?

今回は仕事で使いやすいおすすめのふせんを紹介します。

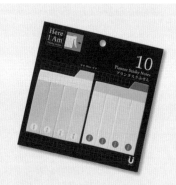

デスクに出しっぱなしでもカワイイ！

ラボクリップ
TODOブロックふせん

TODO、ドット、デザインの3種類が合計180枚入ったブロックふせん。シーンに合わせて3種類のどの柄からも使えるようになっています。4.7×4.7cmと小さいサイズなので、手帳やスマホの裏など狭い場所にも貼れます。
ディスプレイに貼っておいて、後で手帳に貼り直したい時でも粘着力がしっかりしているので問題ないです。

抜け漏れ防止に
大活躍

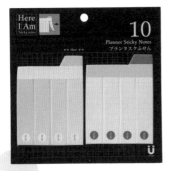

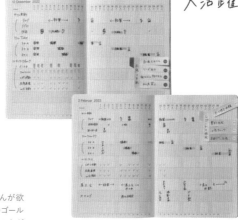

ロジック HERE I AM
10 プランタスクふせん

この商品を見つけた時に、「これ！ こんなふせんが欲しかった！」と歓喜したアイテム。目標やタスクのゴールを記入し、それに付随するタスクを4つ書き込むことができます。完了したタスクから切り離して捨てることが可能です。「出張の手配」というタスクがあったとしたら、「計画」「出張費の稟議」「宿や交通手段の予約」「先方への手土産」など付随するタスクがありますよね？それらをふせん1枚で管理できる便利なアイテムです。

フロンティア
PLAN do ME ログ付箋
（ワイド）

TODOとメモを書き込める横長のふせんです。手帳や仕事ノートでよく使われるA5サイズの手帳と一緒に使うのによいサイズ感。お気に入りの手帳と合わせて使うことで便利さが加速しますね。また、台紙をノートに引っ掛けたり、カバーとしてふせんを保護することができるので持ち運びにも便利です。

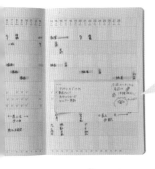

NO. 15 | 「働くあなたと、一緒に」がコンセプト

歴史と伝統を持つ手帳のダイゴーが手掛けるもっと楽しく、自分らしく働くことのサポートすることを目的とした商品展開を行うisshoni.シリーズ。
ナンバーノートやカードケースなども先に紹介しましたが、仕事とは切っても切り離せないTODO管理でも便利なアイテムがあるので紹介していきます。

ダイゴー
isshoni. やる事ふせん ワイド to do

手で簡単に切れるミシン目が入ったロールタイプのTODOふせん。裏面が全面粘着エリアとなっているので、ノートパソコンのタッチパッド横のスペースやスマホの裏面などに貼り付けて使えます。クリーム色の紙なので手帳に貼り付けても、パッと目を引くデザインです。

ダイゴー
isshoni. ノートブック デスク

パソコンの手前のスペースに置いて使える横長ノート。中は1ページに20個のTODOを書き込めるようになっています。48pの薄手タイプノートなので、日常使いしている手帳にプラスして持ち歩いたり、単体でもかさばらないアイテム。手元でTODOリストを見ながら作業ができるので効率も良く、思いついたTODOや差し込まれたTODOなどもパッとメモできるので抜け漏れや失念することがなくなりますよ。

シーン別！てん店長的文房具のススメ

ダイゴー
isshoni. やる事ふせん スリム 確認

やる事ふせんワイドと同様に、手で簡単に切れるミシン目が入ったロールタイプのふせん。背景がピンク色で目立つデザインになっていて、忘れてはいけないTODOをメモしておけるアイテム。

パソコンや
スマホに貼れば
きっと忘れない
はず…

ダイゴー isshoni.
インデックス付ふせん
ミニ To Do

クリア素材の台紙がクリップになっていて、手帳やノートのページに挟んでおけるふせんです。見出しに「CHECK」という文字が入っているので、使いたい時にすぐに見つけることができます。また、台紙にはルーラーがわりになるよう目盛りがついています。

楽しく
TODO管理できる文房具

NO. 16 | せっかくならTODO管理を ゲームのように楽しくやろう

TODOって聞くと気が重い…もっと楽しく管理したい！　ということで、TODOを消化するのが楽しくなりそうな文房具を集めてみました。
仕事だけでなく家事や育児でも活躍するアイテムばかり！（実際にわたしも家事のTODO管理で使っています）。
どれも何度も繰り返し使えるアイテムなので、お気に入りを一つ持っておくとTODO管理&消化が楽しくなるかもしれませんね。

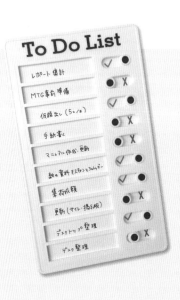

タスクリストボード

毎日のTODOや、家事、ルーチンを簡単に管理できるリストボードです。完了したタスクはスイッチをずらすとチェックマークがつくので、どこまで完了しているのか、どのタスクが残っているのかが一目瞭然です。毎日、毎週行うTODOやルーチンなどの管理に便利なので、わたしはゴミ出しの日にやる家事ルーチンをこれで管理しています。

楽しく タスク消化しましょう！

**デザインフィル ミドリ スタンプ
浸透印 リスト**

ポンっと押すだけで、TODOリストを作ることができます。ふせんやメモ帳にスタンプ台不要で押すことができる浸透印で約1000回押すことができます。油性インキなので、乾いた後に水性マーカーで色を塗っても滲みません。ゆるい動物たちの絵柄に癒されつつ、TODOを消化していきましょう。

**学研ステイフル
Write White ＋
ホワイトボードノート（A5）**

1章の「仕事が終わらない」でも紹介したこちらのアイテム。ノート型のホワイトボードノートで曜日ごとにTODOを書き出せるフォーマットがあります。ホワイトボードと同様に書き換えも簡単です。また、ページとページの間にPPシートが挟まっているので、ページを閉じて持ち運んでも書いた文字や図が消えません。紙とは違う書き心地を楽しんでみてください。

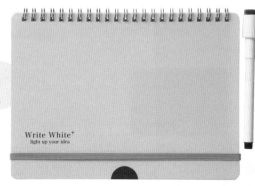

大量のタスクに対処できる文房具

NO. 17 | ノートでたくさんのTODOを管理

「ふせんやスタンプのTODOリストでは全然足りない！」「もっとたくさん書き込みたい！」という方にはノートタイプがおすすめ。

ページを開いてから書くという一手間はかかりますが、デスクワークであればノートを開いたまま置いておけるので問題なしですね。

また過去のTODOもノートに残すことができるので、「あのタスクいつごろやったんだっけ？　そもそもやったんだっけ？」など後から見返したい時にも活躍します。

どこでも TODO リスト〜！

無印良品
ミシン目入り
マスキングテープ・チェックボックス

水性ペンで書き込めるマスキングテープ。手で切りやすいようにミシン目が入っていて、今使っている手帳やお気に入りのノート、メモ帳やカレンダーなどにTODOリストを作成することができます。

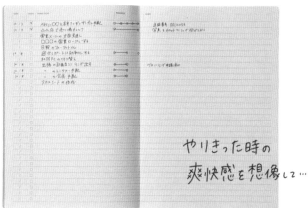

やりきった時の
爽快感を想像して…

LACONIC®
スタイルノート To Do

見開き1ページで合計31個のTODOを管理できるノートです。進捗状況をグラフにできるので、途中まで進めたタスクや、いくつかの細かなタスクに分かれているものなどを管理できます。また1ページに31段あるので、マンスリーのチェックリストとしても使えます。

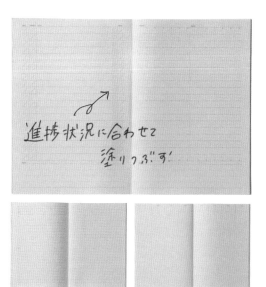

進捗状況に合わせて
塗りつぶす！

is amulet.
毎日の出来事を書き留めるノート
（Daily）

こちらのノートは会社員のインフルエンサーが仕事に役立つように考えたノートで、一つ上で紹介しているLACONIC®が製造を行っています。進捗も記入できるTODOリストの他、3種のフォーマットが入っていて、合計4種類のフォーマットで1冊となっています。

持ち運べて切り離せる！ハイブリットなTODOリスト

NO. 18 | ノートとふせんのいいとこどり

ノートのようにたくさんのTODOを書き込むことができ、ふせんのように1枚単位で切り離して持ち運べるのがメモパッド。TODOのフォーマットが印刷されたメモパッドという、なんとも便利なアイテムを紹介します！

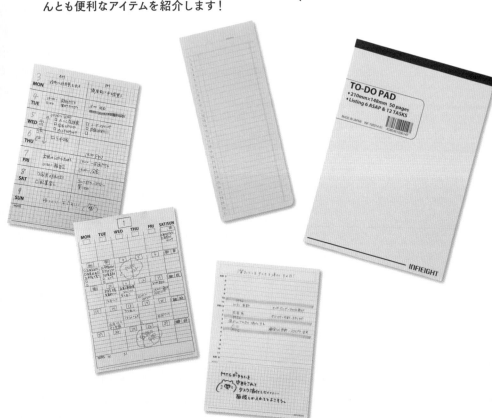

TO-DO PAD
• 210mm×148mm 50 pages
• Listing 6 ASAP & 12 TASKS

MADE IN JAPAN

INFEIGHT

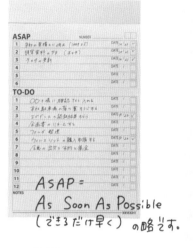

ASAP = As Soon As Possible
（できるだけ早く）の略です。

インフィエイト TODOリスト A5

50ページすべてTODOリストになっているパッド。1日1枚使うと約1ヶ月半分ですね。「ASAP（早急にやらなくてはいけない事柄）」と「TO-DO（通常のやること）」の2段に分かれているのが特徴です。切り離せるので、いつも最新のTODOがトップページにくるようになっています。

インフィエイト デイリー スケジュールパット A5サイズ

朝5時から夜0時までの1日の予定を立てることができるパッド。スケジュール記入欄が2分割されているので、複数の業務の予定を書いたり、家族の予定を書いたりできます。

インフィエイト マンスリー スケジュールパット A5サイズ

50枚入りなので、なんと4年2ヶ月分と、笑っちゃうくらいのコスパですね。1マスに5行あるので、TODOを書いたり、プロジェクトごとの予定を書いたり、使い方は色々！

インフィエイト ウィークリー スケジュールシート A5サイズ

曜日ごとに区切られていて、さらに2分割されているので、午前と午後の予定で分けて記入したり、仕事とプライベートで分けて管理することができます。

NO. 19 | ガントチャートの フォーマットがある文房具

ガントチャートは縦軸にタスクや担当者、横軸に日時を記入し、縦軸の各タスクを横棒によってスケジュールを可視化するタスク管理方法です。プロジェクトチームで使うことが多いのですが、個人のタスク管理にも役立つ手法です。締め切りから逆算的にスケジュールを立てるので、締め切りが決まっている業務や中長期で複数のタスクを順番に行わないといけない業務を行っている方におすすめです。

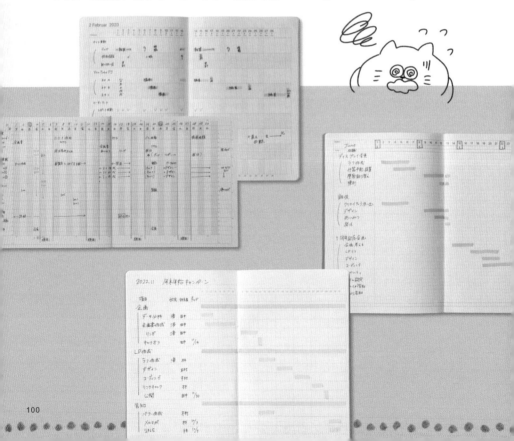

ガントチャートとは

← 横軸には時間 →

縦軸にはタスク

タスク	担当者	開始	終了	1	2	3	4	5
レビュー機能	テン	2/1	2/14	オリエン		毎朝 進捗確認		
⤷ 要件定義	サトウ	2/1	2/3					
⤷ デザイン	タナカ	2/4	2/8					
⤷ 実装	ヤマダ	2/9	2/12					

〆切りから逆算して
各タスクの期限を決める

毎日、仕事終わりにスケジュール通り進んでいるか確認しましょう。遅れなどがあればスケジュールや優先順位などを修正していきます。また、毎朝その日の予定を見てから作業に取りかかると、ゴールが明確になるので集中して取り組めますよ。

横の時間軸を月や年にすれば長期計画としても◎

	担当		3月	4月	5月	6月	7月
市場調査	マーケ						
商品企画	企画						
販促計画	営業						
物流調整	商管						

LACONIC®
スタイルノート
Gantt Chart

1ページで1ヶ月分管理することができます。担当者や締め切りなどの記入欄がなくシンプルなフォーマットなので、自分が担当する業務を管理するのに向いています。また一段の高さが一般的なラインマーカーの幅と同じ4mmなので、進捗をマーカーで引きやすくなっています。

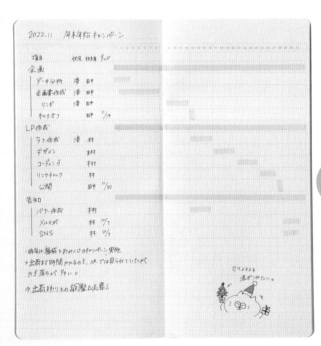

プラス カ.クリエ
アシストシリーズ
ガントチャート

持ち運びに便利なスリムタイプのガントチャートノート。A4用紙を三つ折りにして、貼り付けたり挟んで持ち運んだりできるサイズ感です。横軸は1〜31まで1ヶ月分の日付がふられていますが、その1行下に任意の期間を記入することができるので、月別や週別など時間軸を管理したいタスクに合わせて変更することができます。

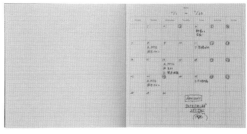

大成紙器製作所
PROJECT PLAN/PAD NOTE

任意の期間を横軸にとることができるノートです。1列ごとに背景の色が変えてあるので、日付の確認がしやすいデザインになっています。マンスリーのフォーマットも入っているので、締め切りの一覧表などは別で管理ができて便利です。

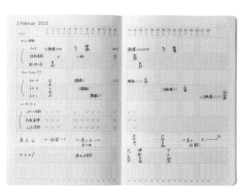

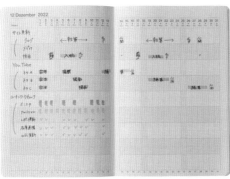

デルフォニックス ロルバーン
ノートダイアリー
ガントチャートA5

横軸にすでに1ヶ月分の日付と曜日がふられているスケジュール帳。マンスリーページも入っています。ガントチャートは日曜の列には赤くハイライトがあり、書き込みやすいデザインになっています。また1行ごとの行間も広く、文字や分岐したタスクなどを書き込めます。

紙に書き出すと
今やるべきことが分かる

No. 20 | カンバン方式に使える文房具

1章の「仕事が終わらない」でも紹介したカンバン方式によるタスク管理。本来は大きなプロジェクトなどでたくさんのタスクを可視化して管理するための方法ですが、個人のタスク管理にも応用できます。複数の業務を同時並行していたり、待ちやリスケが発生しやすくその間にも他の業務を進めているという方におすすめのタスク管理方法です。

わたしが実際に家事の管理に使っている文房具も合わせて紹介していきます！
オフィスでも家でもカンタンにできるので試してみてくださいね。

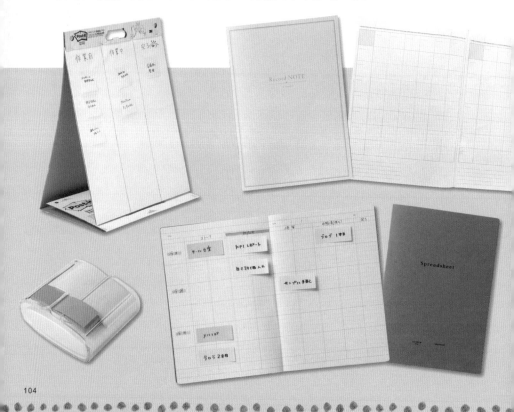

カンバン使用例

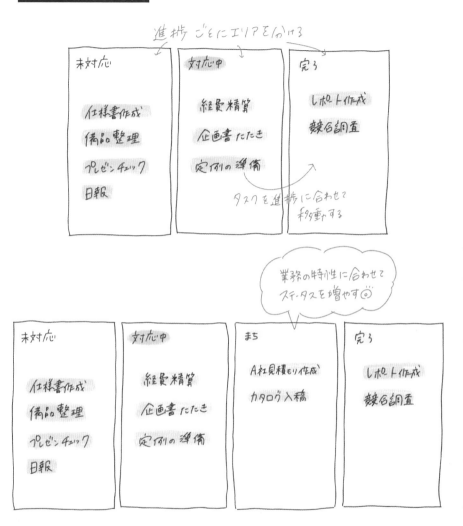

進捗ごとにエリアをわける

未対応	対応中	完了
仕様書作成 備品整理 プレゼンチェック 日報	経費精算 企画書たたき 定例の準備	レポート作成 競合調査

タスクを進捗に合わせて移動する

業務の特性に合わせてステータスを増やす😊

未対応	対応中	まち	完了
仕様書作成 備品整理 プレゼンチェック 日報	経費精算 企画書たたき 定例の準備	A社見積もり作成 カタログ入稿	レポート作成 競合調査

わたしの経験上ですが、進捗状況は3〜5ステータスくらいに分類するのがおすすめ。細かく分類しすぎると、進捗状況に合わせてタスクを書いたふせんを移動させるのが手間になってしまうので注意しましょう。完了に移動したふせんをゴミ箱に捨てる瞬間の達成感が、クセになりますよ〜！

わたしはリビングに貼っていて、
来客時は寝室に一時保管しています。
何度、貼りかえてもしっかりくっつく!!

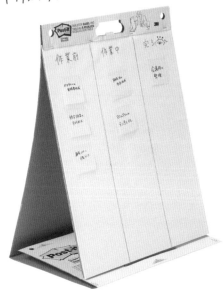

3M ポスト・イット® イーゼルパッド
テーブルトップタイプ
508×584mm 白無地

508×584mmとA4用紙が約4枚分の大きさのふせんです。組み立て式になっているので、そのままデスクの上に立てて書き込むことができます。また台紙に取手がついているので持ち運ぶ時も楽々です。在宅ワークなどホワイトボードがない環境でも、考えをまとめたり議論したりするのを助けてくれます。また、大きなふせんなので1枚ずつ切り離して壁に貼り付けることができます。

片手で
スッととれる!

ポップアップディスペンサー用に
互い違いに接着された専用の
ふせんが必要です。

3M
ポスト・イット®
強粘着ふせん
ポップアップディスペンサー

ブレストやカンバンボードでタスク管理するときに、たくさんのふせんを使うシーンで活躍するディスペンサーです。専用のふせんをセットすると、ティッシュペーパーのように片手でふせんを取り出すことができます。

LACONIC® Spreadsheet

10列あるので、2列ずつ使って進捗ステータスを割り振り、縦軸には締め切りや優先順位、プロジェクトごとに分けて使えます。

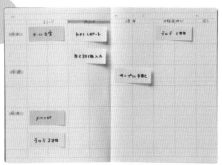

is amulet.
大切な日を記録するノート（Record）

横14×縦8マスのスプレッドシートフォーマットです。1ステータスに3列ずつ使うとちょうど良さそうですね。他にもデイリーやTODOリスト、方眼の合計4種類のノートフォーマットが入っています。

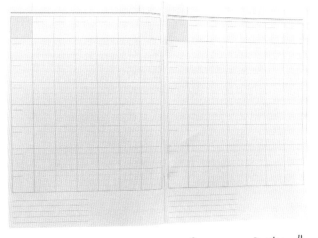

ページをコピーすれば
タスクとその進捗を
簡単に共有できますね

MINI COLUMN

手帳でのタスク管理

ホワイトボードもないし、大きな紙を用意するのも大変！　という時は、手帳で管理するのもおすすめです。手帳であれば、家でもオフィスでも場所を選ばずに進捗を確認したり、更新したり、タスクを追加したりできます。手帳を使う場合は縦と横に分割されているようなスプレッドシートタイプのフォーマットがあると便利ですよ。

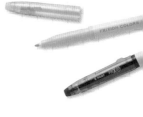

あ と が き

2021年の2月にエムディエヌの編集の森さんから
お声がけいただき本を執筆することになりました。
といっても、大学入試の小論文ぶりの文字を書く作業で、
スキルが圧倒的に不足する中、
約一年かけ出版までおんぶにだっこで支えていただきました。

そして、日頃よりSNSやショップの利用にて応援していただいている方、
この本を手にとっていただいたみなさまの反応を思い浮かべながら、
なんとか書き切ることができました。
いつも支えていただき本当にありがとうございます。

実は、日頃のSNSの発信や今回の本の執筆を通して、
「本当にわたしが文房具を語ってもいいのだろうか」と
思い悩むことが多々ありました。

なぜかというと、周りを見渡すと
自分の世界観を詰め込んだ手帳を作っている人、
書くこと自体を楽しんでいる人など、
文房具愛が強い方に比べて、
わたしの中で文房具はあくまで"道具"で、
ただ役に立つから使っているだけだったからです。

そんなわたしが文房具を使う便利さや楽しさを伝えられるのか、
語る権利があるのか……
などちょこちょこ悩んでいる中で、書きはじめたこちらの本。

書きながらも、
「別に最新の文房具を紹介しているわけでもないし、
みんなすでに知っている情報なのではないか」
「わたしの頭の中がポンコツだから文房具という道具が必要なだけで、
みんなは困っていないのではないか」
など、ネガティブな感情がでてきました。

そんなネガティブな感情を抱きつつも、
編集担当の森さんと打ち合わせを重ね
自分が納得できる本の構成にしていただいたり、
SNSのコメントやショップのレビュー、
お客様からのお手紙やメールなどで
わたしと同じような悩みの人がいるんだと安心させてもらったり、
実際に文房具で使用例を作っているときにワクワクしたりと、
たくさんの感情や気づきがありました。

そして、自分の中で
「あくまで仕事に役立てる目線ではあるけど文房具が好きだ」
という気持ちをしっかりと持つことができました。

だれかの役に立てばいいなという思いで
書きはじめましたが、書き終わってみれば
自分のために大きな気づきを与えてくれた
1年間となりました。

書きはじめた時は
まだ会社員として企業に勤めており、
てんのしごと道具店のショップ運営やSNS投稿など
てんやわんやになることも多かったのですが、
本当に本当にたくさんの支えがあり書ききれたことと、
そしてこの本を手にとっていただいたあなたに感謝します。

あとがき

この一冊が、文房具を楽しむきっかけに、
しごとを楽しいと思えるきっかけに、
そして何かの助けとなれたら、
これ以上に嬉しいことはありません。

てん（河野友美）

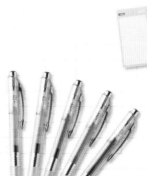

〈制作スタッフ〉
装丁/本文デザイン　　八田さつき
撮影　　　　　　　飯島浩彦（MASH）　川端健太（MASH）
校閲　　　　　　　株式会社ぷれす
編集長　　　　　　山口康夫
担当編集　　　　　森　公子

てんのしごと道具店
〜しごとがぐんっと楽しく効率的になる文房具〜

2023 年 3 月 21 日　初版第 1 刷発行

著者　　　　　てん（河野友美）

発行人　　　　山口康夫

発行　　　　　株式会社エムディエヌコーポレーション
　　　　　　　〒 101-0051　東京都千代田区神田神保町一丁目105 番地
　　　　　　　https://books.MdN.co.jp/

発売　　　　　株式会社インプレス
　　　　　　　〒 101-0051　東京都千代田区神田神保町一丁目105 番地

印刷・製本　　シナノ書籍印刷株式会社

Printed in Japan

【カスタマーセンター】
造本には万全を期しておりますが、万一、落丁・乱丁などがございましたら、送料小社負担にてお取り替えいたします。お手数ですが、カスタマーセンターまでご返送ください。

【落丁・乱丁本などのご返送先】
〒 101-0051　東京都千代田区神田神保町一丁目105 番地
株式会社エムディエヌコーポレーション カスタマーセンター　TEL：03-4334-2915

【内容に関するお問い合わせ先】
info@MdN.co.jp

【書店・販売店のご注文受付】
株式会社インプレス　受注センター　TEL：048-449-8040 ／ FAX：048-449-8041

ISBN978-4-295-20454-1
C0077